素质教育必备 校本读物首选

中小学生卫生防疫知识手册

主编 马利虎

学习卫生防疫知识 养成良好卫生习惯
提高防疫防病技能 促进身心健康发展

东南大学出版社
·南京·

图书在版编目(CIP)数据

中小学生卫生防疫知识手册/马利虎主编. —南京：
东南大学出版社,2010.12(2013.8重印)
　(中小学生安全·礼仪·法制·环保·卫生防疫知识)
　ISBN 978-7-5641-2557-8

　Ⅰ.①中… Ⅱ.①马… Ⅲ.①卫生防疫-青少年读物
Ⅳ.①R18-49

　中国版本图书馆CIP数据核字(2010)第248536号

中小学生安全·礼仪·法制·环保·卫生防疫知识丛书

出版发行：东南大学出版社
社　　址：南京市四牌楼2号　邮编：210096
出 版 人：江建中
网　　址：http://www.seupress.com
主　　编：马利虎
经　　销：全国各地新华书店
印　　刷：淮安市亨达印业有限公司
开　　本：850mm×1168mm　1/32
印　　张：15
字　　数：360千
版　　次：2010年12月第1版
印　　次：2013年8月第2次印刷
书　　号：ISBN978-7-5641-2557-8
印　　数：40001~120000
定　　价：65.00元(共5册)

本社图书若有印装质量问题,请直接与印刷单位联系。电话:4001100196

编者寄语

　　青少年正处于生长发育和增长知识的黄金阶段，但他们缺乏基本的卫生防疫知识和良好的卫生生活习惯，并且免疫功能不强，对疾病的抵抗力还很弱，因此，他们不仅常会受到有毒有害食物的危害，而且还会遭受各种流感、手足口病、脑炎、肺炎、肝炎等各种疾病的侵袭，致使他们的身体健康、生命安全以及学校的教学秩序和家庭幸福遭受严重的影响。

　　为了保障青少年的健康成长，为了保持学校的正常教学秩序和维护社会的稳定，认真做好中小学生的卫生防疫和食品安全工作已迫在眉睫，刻不容缓。为此，我们根据教育部和卫生部《关于加强学校卫生防疫与食品安全的工作意见》的精神编写了这本手册，该手册图文并茂、内容丰富、趣味性、可读性、实用性都很强，目的在于协助学校广泛开展学生卫生防疫和食品安全知识的宣传，便于学生快速学会卫生防疫的基本知识，掌握各种应急防范的技能和技巧，同时培养青少年讲卫生、爱锻炼、重防范的良好的生活卫生习惯。相信这本手册会为青少年的健康成长和学习进步作出巨大贡献！

关爱生命 安全在手
正确洗手六步法

采用流动水，使双手充分浸湿，取适量肥皂或皂液，均匀涂抹至整个手掌、手背、手指和指缝，认真揉搓双手。具体揉搓步骤如下：

▲掌心相对，手指并拢，相互揉搓

▲手心对手背沿指缝相互揉搓，交换进行

▲掌心相对，双手交叉指缝相互揉搓

▲弯曲手指关节在另一掌心旋转揉搓，交换进行

▲左手握住右手大拇指旋转揉搓，交换进行

▲将五个手指尖并拢，放在另一手掌心旋转揉搓，交换进行

目　录

版权所有　侵权必究

版权所有　侵权必究

版权所有　侵权必究

版权所有 侵权必究

版权所有 侵权必究

第一篇　加强管理，做好
学校卫生防疫工作

中小学生卫生

防疫知识手册

一、怎样做好学校卫生防疫和食品安全工作

学校卫生防疫以及食品卫生安全工作直接影响到学校师生员工的身体健康和生命安全，影响到学校的正常教学秩序，影响到社会的团结和稳定。因此，为了万无一失地做好学校卫生防疫和食品卫生安全工作，必须坚持做好以下措施：

1. 建立健全卫生防疫和食品卫生安全工作领导机构。明确各自职责，制定工作计划，实行层层把关，把对做好卫生防疫工作的重要性、紧迫性和长期性的认识落实到具体工作中。

2. 制定和完善学校卫生防疫和食品卫生管理的各项规章制度。明确奖惩措施，制定责任追究制度，建立学校卫生防疫制度和食品安全卫生的长效管理机制，加强防控，严格管理，杜绝放任自流、不闻不问的失职行为，确保卫生防疫和食品卫生安全工作万无一失。

3. 经常开展卫生防疫与饮食安全知识的宣传、学习、竞赛等主题活动。要充分利用黑板报、墙报、校报、广播、宣传橱窗和校园网络等宣传媒体，进行卫生防疫和食品卫生安全知识的教育；开展专题讲座，尽可能使每个师生员工都受到教育，提高他们卫生防疫的防范意识和自护能力；要对学校所有食品从业人员、医务人员集中进行卫生防疫、食品卫生安全以及相关的法律知识

版权所有　侵权必究

培训,使他们切实掌握从事食品工作以及医务工作必要的业务知识和法制观念。对于那些法制观念淡薄、卫生习惯不良、屡教不改的从业人员要坚决予以辞退。

4.加强学校卫生防疫和饮食安全的日常指导和定期督查工作。对学校的教室、宿舍、医务室、食堂、小卖部、小吃店、生活饮用水源、供餐供菜单位进行认真督查,尤其学校食堂、小卖部、小吃部和供餐单位必须有经营许可证,从业人员必须有健康上岗证并按时体检,杜绝"三无"食

品、垃圾食品和污染食品进入校园,同时应经常检查学校饮用水源质量、确保饮用水符合卫生要求。

5.严格执行报告制度。一旦出现学生群体性突发疫情和卫生安全事故,学校须在第一时间准确及时报送情况,决不容许迟报、漏报和瞒报,否则,将按有关政策、法规追究相关领导和事故责任人的责任。

二、强化卫生防疫工作责任,努力做好八项工作

1.深刻认识学校卫生防疫工作的重大意义。

2.大力开展健康教育活动,认真宣传卫生防疫知识。

3.切实整治校园环境,牢固树立学校良好形象。

4.努力加强食品卫

2

版权所有 侵权必究

生管理,确保学校食品卫生安全。

　　5. 切实加强学校饮用水的管理和检查工作。

　　6. 扎实抓好晨检和校园日常消毒、除害工作。

　　7. 加强督查,防止出现突发公共卫生事件。

　　8. 狠抓个人卫生的养成教育,培养学生良好的个人卫生习惯。

三、学校卫生防疫管理制度

　　1. 贯彻落实《关于加强学校卫生防疫与食品卫生安全工作的意见》,坚持做好学校卫生防疫工作。

　　2. 加强学生卫生知识的宣传教育,教育学生不购买"三无"食品、"垃圾食品",养成良好的饮食习惯。

　　3. 坚持开展爱国卫生运动,认真落实环境卫生管理责任制,保持校园环境卫生整洁。

　　4. 禁止非食堂工作人员进入食堂加工操作间及食品原料存放间,避免发生食源性中毒事件。

　　5. 加强学校生活饮用水水源管理,防止水源污染。

　　6. 建立传染病疫情报告制度、学生健康状况登记制度和相关预防接种规定。

　　7. 加强学生宿舍的卫生管理,改善学生宿舍卫生条件,确保通风、明净、安全。

　　8. 加强厕所和垃圾场所的卫生管理,实行分类处理,定期消毒,防止

中小学生卫生防疫知识手册

版权所有　侵权必究

3

污染环境和水源。

9. 定期对学生进行体检，建立健康卡（档案）。发现传染病患者及时采取相应措施。

10. 开展丰富多彩的健康教育活动，做到人人参与，个个尽职。

四、学校食堂饮食卫生安全管理制度

1. 严格出入制度

食堂严禁外人进入。教师上食堂要随同学生在窗口买饭，不准进入厨房内。学生喝水必须饮用清洁的饮用水。

2. 严格卫生防疫食品安全制度

配备专职和兼职卫生管理员。司务长保证粮、菜、油的采购、加工、运输、贮藏以及销售等各个环节的卫生安全。加强食堂和学生餐饮管理，保证食品的储存条件，不冷藏、加工、制作过期变质的原料，不出售变质的饭菜，不出售隔夜饭菜，每餐饭菜必须留样备查。坚持生、熟、冷、热分开，防止交叉污染。出售的

饭、菜、汤里一旦发现不明异物，必须停止出售，封闭现场，立即上报。加强饮用水卫生监督管理，严防坏人投毒，严格执行食堂卫生标准，各种餐具使用前必须洗净、消毒，未经消毒不准使用。食堂无卫生许可证不准营业，炊事人员无身体健康证明不准上岗。上岗必须统一穿戴（穿衣、戴帽、戴口罩、戴手套），女性长发束于帽子内；否则，将受到纪律和经济处分，甚至开除。

3. 严格开门锁门制度

为了加强对食堂管理，坚持双人同时开锁门制度，按时开、关，

版权所有　侵权必究

中小学生卫生防疫知识手册

人在门开，人走门闭，如有不按制度操作，责任由开门人负责。

4. 严格督查制度

炊事人员之间要相互监督，炊事人员和学校领导要轮流值班、盯班，制订值班表公布上墙。明确各自责任和各自值班时间。在监督过程中发现问题及时处理，如不履行职责，出现问题，追究其领导责任及当事人责任。

5. 严格守岗制度

炊事人员不得擅离岗位，必须保证人不离岗，饭不离人。如擅离岗位被查到，一次按一天工资款数罚款，出现问题追究其法律责任（主要是食堂值班人员）。

6. 严格采购制度

粮、油、菜的采购由司务长专人负责，要定点采购，定点单位与学校食堂要签订合同书，定点单位必须有营业执照，出现问题保证查有证据，追有证据。在采购过程中要严格检查，保证质量。

7. 严格教育制度

学校严格履行每周例会制度，对炊事员进行政治思想教育、法制教育、卫生教育和安全教育，使他们从思想上认识到食堂工作的重要性，时刻提高警惕，保证学校师生员工饮食安全。

8. 严格责任追究制度

为使学校工作正常开展和食堂饮食不出现差错，学校实行层层抓落实，人人有责任，形成校长总负责、后勤主任向学校作保证、司务长向后勤主任作保证、炊事人员向司务长作保证的齐抓共管的工作格局，谁出问题追究谁的责任。

中小学生卫生

防疫知识手册

版权所有　侵权必究

5

中小学生卫生
防疫知识手册

🍃 一、搞好个人卫生

在日常生活中，人们的衣、食、住、行、劳动、休息等，都涉及一系列的卫生内容，如果缺乏卫生知识，没有良好的卫生习惯，就很容易发生疾病。

1. 手的卫生

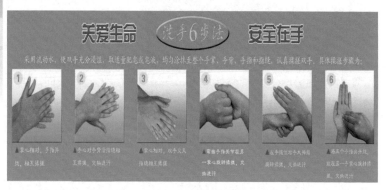

人的双手在日常生活中与各种各样的东西接触，必然会沾染灰尘、污物以及有害有毒物品，还有微生物、细菌、病毒等。手沾染灰尘、污物，我们能够看见，如果沾染微生物、细菌等，我们的眼睛是无法看见的，必须要用显微镜放大几百倍，甚至几千倍才能看到。有科学家作过调查，一双不清洁的手，可能有4万~40万个

6

版权所有　侵权必究

细菌。因此，我们应当重视手的清洁卫生，养成经常洗手的习惯，饭前便后更应洗手，还要经常剪指甲，防止微生物、细菌躲藏在里面。学校从事饮食行业的人员更要养成良好的卫生习惯，经常洗手，保持手的清洁卫生。

2. 皮肤的卫生

人体的皮肤功能很重要，不仅能防御有害物质对人体的侵犯，保护健康，还有参与调节人体新陈代谢的功能。由于皮肤不断分泌汗液及皮脂，因此灰尘及微生物、细菌等很容易粘附在皮肤上。如果皮肤不能保持清洁卫生，不但影响皮肤正常生理功能，还可能引起皮肤病，如疖肿、皮癣、疥疮等。因此，我们应当时刻注意皮肤的清洁，经常洗澡，换衣服，除去皮肤上的污垢、尘污和皮屑等不洁之物，保持皮肤的清洁卫生。

3. 口腔及五官的卫生

口腔是消化道的入口，与呼吸道关系密切。由于温度、湿度、酸碱度以及残留在口腔的食物残渣适宜微生物、细菌生长繁殖，

不仅容易损坏牙齿，还能引起其他疾病，如扁桃体炎、呼吸道疾病、风湿性心脏病、肾炎等，我们应当注意口腔的清洁卫生，坚持每天刷牙漱口，养成良好的卫生习惯。

眼、耳、鼻是人的重要感觉器官，也是人体对外开放的通道，必须注意清洁卫生，纠正不良习惯，预防感染。从事饮食行业的人员，更应重视五官的清洁卫生。

中小学生卫生防疫知识手册

版权所有　侵权必究

7

4.仪容、头发的卫生

确保仪容、穿着整洁大方,勤洗头、常理发,不穿奇装异服,不烫发,不留怪发。

二、讲究学习卫生

1.遵守作息时间,保证学习和休息时间,不过度增加课业负担。

2.坚持做课间操(初、高中生还需做眼保健操),课间时间自觉休息。

3.配合老师定期调整座位,保持用眼卫生,确保眼睛视力。

4.积极参加体育锻炼,注意用脑卫生,记住"7+1>8"。

5.保持正确的阅读坐姿以及握笔、听讲和睡觉的姿势。

三、搞好环境卫生

1.地面:保持无砖头、瓦片、杂草和树叶,无纸屑、果皮、痰迹和脏物。

2.墙壁:保持无脚印、划痕、痰迹和烂泥,无广告、墨汁、乱涂和乱画痕迹。

3.物品:保持摆放整齐,清理整洁,分类有序,和谐美观。

四、搞好教室卫生

1.擦洗干净——黑板、桌椅、墙壁、灯具、窗台、玻璃。

2.摆放整齐——讲台、桌凳、文具、书本、扫帚、拖把。

五、关注厨房卫生

1.厨房应远离垃圾箱、厕所、污水沟等,防止不良环境污染食物。

2.厨房的大小应与工作量相称,不能过小。厨房的各种设施要备齐,布局要合理。

版权所有　侵权必究

中小学生卫生

防疫知识手册

3. 厨房应当有相应的照明、通风、冷藏、防尘、防蝇、防鼠、洗涤、消毒、污水排放以及存放废弃物的设施等。

4. 厨房严禁加工或使用不符合卫生标准或卫生要求的食物,杜绝腐败变质、霉变生虫、病死的畜、禽等食物进入厨房。

5. 盛放生食和盛放熟食的容器一定要分清,不能混用不清,冰箱、冰柜贮放的熟食和生食也应明确分开。

6. 切生食和熟食的菜刀、砧板不能混用,提倡"三刀"、"三板"(生熟面)应经常清洗和消毒,防止交叉污染。

7. 厨房工作人员要穿工作衣、戴工作帽及口罩,工作前后要洗手,要注意个人卫生。

8. 厨房用的餐具、饮具和容器等,用流水洗涤后,再作消毒处理,消毒方法有:煮沸法、蒸汽法、消毒柜和药物法。各种餐具应保持清洁卫生,放置有序。

9. 每天要清扫地面、灶面、台面,及时清除垃圾和废弃物。每月至少对厨房进行一次"搬家"式大清扫。

10. 洗碗布、清洁球要保持清洁卫生,并要经常更换。

11. 厨房垃圾不宜乱倒,要妥善处理,严防污染食物。

12. 厨房内禁止饲养家畜、家禽和宠物,禁止将有毒的化学药物和与餐饮无关的物品带入厨房。

🌴 六、关注餐厅卫生

1. 餐厅要洁净、明亮、通风,有制冷、制热设备。

中小学生卫生

防疫知识手册

2. 应设纱门、纱窗，保持无蝇、无虫、无鼠。

3. 室内各种陈设、物品，应排列有序，保持洁净卫生。

4. 餐厅的环境装饰、布置要整洁、优雅、美观。

5. 餐后应打扫干净，定期大扫除，保持清洁卫生。

七、养成良好卫生习惯

1. 养成"六勤"习惯：勤洗手脸、勤剪指甲、勤理发、勤洗澡、勤换衣、勤晒被褥。

2. 养成"六不"习惯：不乱扔垃圾，不乱吐唾沫，不喝生水，不抽烟酗酒，不吃不干净零食，不近距离接触宠物。

3. 养成"六良"习惯：以良好的态度学习，以良好的心情待人，以良好的习惯饮食，以良好的行为做人，以良好的姿势睡眠，在良好的环境休息。

八、保护环境，减少疾病

1. 保护环境，使自然环境不受污染，有利于人类的生存，减少患病人数和患病的种类，有利于人类社会的发展。环境污染的多样性、广泛性、长期性、综合性等复杂特点，决定了它对人类健康的影响与损害表现极为频繁复杂。

2. 环境污染往往通过大气、土壤、水体等途径污染周边环境，影响人类的健康。

3. 环境中的有毒有害物质，有的是短期或快速进入有

版权所有　侵权必究

机体导致急性中毒和死亡,有的是低浓度、长期、反复对机体产生作用导致慢性危害引起多种疾病,还有环境中的化学因素会侵袭脑细胞、中枢神经,降低机体免疫功能,甚至导致癌症。

九、与消毒有关的术语

1. 消　毒

消毒是指杀灭或消除传播媒介上病原微生物及其他有害微生物使其达到无害化的处理。

2. 疫源地消毒

是指对存在或曾经存在传染源及被病原体污染的场所进行的消毒,其目的是杀灭或消除传染源排出的病原体。

3. 疫点消毒

指对病人、疑似病人或病原微生物携带者所处地点的消毒处理,其范围一般包括病人、疑似病人或病原微生物携带者以及(或)同一门户出入的生活上密切相关的人员所在地和家庭等。

4. 疫区消毒

指对连接成片的多个疫源地范围内的消毒处理。其范围根据流行病学指征和地理、交通等特点划定,一般由一个或数个行政单位(如区、街道、居委会、村、乡等)组成。

5. 消毒剂

消毒剂是指能杀灭外环境中感染性的或有害的微生物的化学因子,即用于杀灭微生物可达到消毒要求的药物。例如,过氧乙酸、臭氧、乙醇等。

中小学生卫生防疫知识手册

版权所有　侵权必究

11

6.灭　菌

灭菌是指杀灭或祛除环境中媒介物携带的一切微生物(包括致病性微生物和非致病性微生物)的过程。灭菌是个绝对的概念，灭菌后的物品必须是完全无菌的。消毒不一定达到灭菌要求，而灭菌一定能达到消毒的要求。然而，事实上要达到完全无菌这样的程度是很困难的，因此规定，灭菌过程必须使物品污染微生物的存活概率减少到10%~6%。

7.灭菌剂

灭菌剂是指能杀灭外环境中一切微生物(包括细菌繁殖体、芽胞、真菌、病毒等)的化学物质。医学上常用的杀菌剂有环氧乙烷、甲醛、过氧乙酸等。所有灭菌剂均为优良的消毒剂。

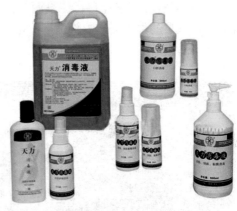

8.清洁剂

指用于消除物品表面上的一切污垢，使物品清洁的化学物质。

9.杀菌和抑菌

杀菌是将细菌杀死，失去生物活性，不能再复活。而抑菌是指将作用因子作用到细菌时，细菌处于暂时死亡(停止繁殖)状态，当作用因子消除后细菌还可能复苏。

10.高效消毒方法

可杀灭一切致病性微生物的消毒方法。这种消毒方法应能杀灭一切细菌繁殖体(包括结核杆菌和致病性芽孢菌)、病毒、真菌及其孢子等，对细菌芽胞也有一定的杀灭作用。属于此类的物理消毒方法和化学消毒剂有：紫外线及含氯消毒剂、臭氧、二氧化碳、甲基乙内酰脲类化合物和一些复配的消毒剂等。

版权所有　侵权必究

11.中效消毒方法

是指杀灭和祛除细菌芽胞以外的各种致病性微生物的消毒方法，包括超声波，碘类（碘伏、碘酊等）、醇类、酚类消毒剂等。

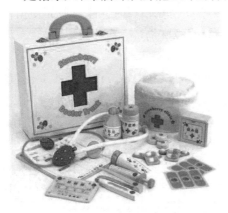

12.低效消毒方法

采用只能杀灭细菌繁殖体、亲脂病毒的化学消毒剂消毒的方法和通风散气、冲洗等机械除菌法。低效消毒剂有单链季铵盐类消毒剂（新洁尔灭等）、双胍类消毒剂(如氯己啶)、中草药消毒剂和汞、银、铜等金属离子消毒剂等。

🌴 十、学校常用的消毒方法

1.清　洗

清洗属于机械除菌法，虽然不能杀死病原体，但可显著减少病原体的数量，如人体皮肤上的细菌，用淋浴和洗手即可祛除90%，用水和肥皂用力擦抹可去除99%。所以清洗是公共场所或家庭中最常用的物理消毒方法。

2.通　风

通风虽不能杀灭病原体，但在短时间内可明显减少空气中细菌、病毒的数量，对预防呼吸道传染病的效果很好。比其他物理、化学消毒方法更为有效，而且无残留药物，对人体健康无影响。

通风方法很多，包括开窗、开门或机械通风等。一般来说，通风30分钟可完全清除室内受污染的空气。为取得随时消毒的效果，应坚持每日间歇通风数次。若采用机械设备通风，效果更好。

3.过　滤

口罩是过滤消毒的一种形式，是预防呼吸道传染病的重要方

中小学生卫生防疫知识手册

版权所有　侵权必究

13

法。一般要求用6~8层纱布制成，其大小应以能完全掩盖口鼻为标准，多以洗涤多次的纱布为材料。如洗涤15次的6层纱布做口罩，对病原体的阻留率为97%。使用口罩时应注意单面使用，里外应有标记，每戴4小时应洗涤煮沸消毒一次。

4.煮沸消毒

是最简单易行也是最常用的一种消毒方法。沸水能使蛋白质迅速凝固变性，从而达到消毒目的。温度愈高，病原体死亡愈快，一般细菌繁殖体在100℃的水中数分钟即能被杀灭。由于各种物品传热能力不一，为确保消毒效果，通常煮沸消毒时间为10~30分钟。如在水中加入1%~2%的苏打或0.5%的肥皂，不仅可以提高沸点，而且可使脂肪及蛋白质易于溶解，消除物品油污，增强消毒效果。但芽胞耐热，煮沸消毒法不适用。

5.日光消毒

主要靠太阳光线中的紫外线照射达到消毒目的。此外，热与干燥也起到一定的作用。日光消毒作用的大小，受很多因素的影响，如光线的强度、距离、空气的清洁度和曝晒时间。光线愈强、湿度愈低、气温愈高，杀菌力愈强。6~8月是日光消毒的大好时机，中午前后消毒物品效果更好。如含水分较高的湿润物体，待干后再按上述时间消毒，效果更好。

版权所有　侵权必究

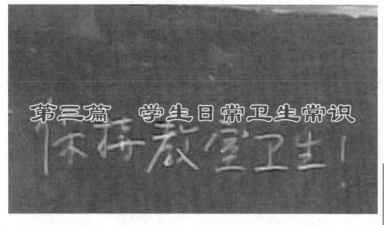

第三篇　学生日常卫生常识

一、学生个体卫生行为

1. 每天早晚要刷牙洗脸。　　2. 饭前便后要洗手。

3. 定期洗澡、理发、剪指甲。　4. 服装整洁,被褥勤晒。

5. 讲公德,不随地吐痰,不乱扔乱倒垃圾。

6. 不吸烟,不酗酒,每天进行体育锻炼。

7. 主动学习卫生知识。　　　8. 按时进行计划免疫。

二、学生群体卫生行为

1. 讲卫生,室内整洁,无异味、无噪音,空气清新。

2. 勤值日,清洁区干净、卫生,值日及时,清扫规范。

3. 讲环保,垃圾分类,杀毒除害,维护环境。

4. 集体活动,守纪有序,争先创优,踊跃防疫。

5. 公共场所,着装整洁,行为规范,语言文明。

6. 宣传卫生知识,参与社会防疫,保护食品安全。

7. 遵守交通规则,服从交警指挥,避免意外事故。

中小学生卫生防疫知识手册

版权所有　侵权必究

8.上好"两操一课",积极参加文娱和体育活动。

三、学生卫生常识26问

1.学生应养成哪些个人卫生习惯?

(1)早晚洗脸刷牙。

(2)饭前便后洗手,睡前洗脚。

(3)勤洗澡,勤剪指甲,及时理发。

(4)不喝生水,不吃零食,水果要洗净吃。

(5)不吃生食,不吃"垃圾食品",不吃腐败变质的食品。

(6)按时作息,讲究学习方法,保持用脑用眼卫生。

(7)勤开门窗,勤扫寝室,勤晒被褥。

(8)不随地吐痰,不乱扔垃圾,讲究环保。

2.什么情况下应洗手?

(1)饭前便后应洗手。　　(2)吃东西前后应洗手。

(3)劳动后应洗手。　　　(4)玩游戏后应洗手。

(5)触摸脏东西后应洗手。 (6)触摸病人后应洗手。

(7)去公共场所回来应洗手。(8)做菜做饭前后应洗手。

3.为什么要及时理发和经常洗头?

理发和洗头能够清除头发和头皮上的污垢、头屑、病菌,预防头癣、皮肤病以及其他疾病。

4.为什么不能喝生水、吃生食?

生水、生食中含有病菌、虫卵,可引起肠道传染病(肠炎、痢疾、伤寒等)和肠道寄生虫(蛔虫病等)。

5.为什么不能吃腐败变质食物?

腐败变质的食物中含有大量病菌和毒素,吃后会发生食物中毒,如肠炎,痢疾,表现为:恶心、呕吐、腹痛,甚至危及生命。

版权所有　侵权必究

6. 挑食和偏食有什么害处?

挑食和偏食会造成营养素的缺乏,导致营养不良,影响生长发育和健康。

7. 为什么饭后不宜马上进行剧烈的活动?

刚吃过饭,胃里充满了食物。剧烈运动会影响胃肠正常消化,可引起腹痛,恶心,呕吐等,时间久了还会得胃病。

8. 看书写字时要注意什么?

姿势正确,光线适宜,眼与书本保持 30 厘米左右距离,时间不宜过久,走路、乘车、卧床时不要看书。

9. 做眼睛保健操有什么好处?

消除眼睛疲劳,保护视力,预防近视。

10. 怎样保护牙齿?

(1)吃东西后漱口。(2)早晚刷牙。(3)不咬过硬东西。(4)不吃过冷过热的东西。(5)睡前不吃东西。

11. 怎样预防农药中毒?

(1)不玩盛过农药的瓶子、口袋和农药喷雾器。

(2)避免吸入农药。

(3)防止农药沾染皮肤,如果皮肤沾染农药要及时冲洗干净。

(4)瓜果蔬菜要洗净。

12. 为什么不能随意挖耳朵?

挖耳朵是一种不卫生的习惯,易损伤外耳道,引起发炎,还可能损伤鼓膜,引起中耳炎,甚至造成耳聋。

中小学生卫生防疫知识手册

版权所有 侵权必究

13. 怎样预防蛔虫病?

(1)饭前便后洗手。　　　　　　(2)不喝生水。

(3)生吃瓜果、蔬菜前要洗净。　(4)不咬手指及笔头。

14. 怎样预防沙眼?

(1)不用他人毛巾、脸盆。

(2)保持手帕、毛巾、脸盆清洁。

(3)不用脏手、脏布揉擦眼睛。

(4)不去卫生条件差的公共浴池洗澡。

15. 随地吐痰有什么害处?

(1)随地吐痰是一种不文明行为。

(2)痰液中含有许多病菌。

(3)随地吐痰会污染环境和传播疾病。

16. "四害"指的是什么?

苍蝇、老鼠、蚊子、蟑螂。

17. 被狗咬伤后怎么办?

立即去医院或卫生防疫部门治疗,清洗和消毒伤口,及时注射狂犬疫苗和抗狂犬病免疫球蛋白。

18. 苍蝇、蚊子能传播什么疾病?

(1)苍蝇传播:肠炎、痢疾、伤寒、甲型肝炎等。

(2)蚊子传播:乙脑、疟疾等。

19. 肝炎的主要传播途径是什么?

(1)甲型肝炎:主要通过病人粪便污染水源或食物传播。

(2)乙型肝炎:主要通过血液及血液制品传播。

20. 为什么不能随地大小便?

(1)污染环境。　　　(2)传播疾病。　　(3)不文明。

21. 为什么刷牙、洗脸不能共用牙刷、毛巾和脸盆?

防止互相传染疾病。

22. 怎样预防感冒?

(1)锻炼身体,增强体质。　　(2)经常开窗通风换气。

版权所有　侵权必究

(3)随气候变化增减衣服。　(4)不去病人家串门。

(5)感冒流行时不去公共场所。　(6)多吃生大蒜、板兰根。

23. 家里有了肝炎病人怎么办？

(1)及时就医,规范治疗。

(2)隔离消毒(用开水煮病人用过的碗筷、毛巾、衣物。用消毒剂擦拭病人用过的家具等)。

(3)接触病人后要洗手、杀菌。

(4)不吃病人吃剩的东西。

(5)病人应分餐,防止家庭内传染。

(6)病人用的餐具及生活用品应分开使用。

24. 餐饮从业人员个人卫生有哪些？

(1)要有良好的饮食卫生习惯,做到"二常":常洗手、常剪指甲。"三勤":勤洗头,勤洗澡、勤换衣。

(2)上班要穿工作服。工作服要勤洗、勤换,保持清洁。

(3)在工作场所不吸烟,不随地吐痰,不饲养和接触宠物。

(4)杜绝用手抓熟菜。生熟食品要分开存放。不能对着食品讲话、咳嗽或打喷嚏。给顾客上菜时要用托盘,上岗时应戴口罩。

(5)如患有消化道和呼吸道传染病等,应停止工作,及时治疗,病愈后也应定期检查。

25. 怎样保持教室的清洁卫生？

(1)每天扫地,扫地前先洒水。　(2)常擦桌椅和门窗。

(3)不乱扔纸屑果皮。　(4)不随地吐痰。

(5)桌椅摆放整齐。　(6)注意通风换气。

26. 维护公共卫生应做到哪些？

(1)清扫室内外环境。　(2)不随地吐痰和大小便。

(3)不乱写乱画乱丢垃圾。　(4)语言文明,不讲脏话、粗话。

(5)定期消毒、杀菌、除"四害"。

版权所有　侵权必究

中小学生卫生防疫知识手册

第四篇　讲究饮食卫生，确保食品安全

中小学生卫生防疫知识手册

第一章　饮食卫生与健康

一、饮食与健康

1. 病从口入

饮食卫生与身体健康关系非常密切,饮食能养生治病,亦能伤身致病。如果食物不符合卫生要求,或者烹调方法不当,不仅降低其营养价值,而且严重影响身体健康,引起消化不良,甚至引发许多疾病。

尽管菜肴的色、香、味、形俱佳,营养素也很丰富,但是如被微生物、细菌以及有害有毒的物质污染,就不能再吃,吃了可引起胃肠道疾病或食物中毒等。

如果经常吃霉变或受农药、工业"三废"污染的食物,可引起急性或慢性中毒,甚至引起消化道癌症等。

2. 老从口入

影响人体衰老的因

20

版权所有　侵权必究

素有很多，包括社会因素、疾病、营养、锻炼、精神情绪、环境、气候等。营养不足和营养不当(如身体过瘦或肥胖)都会加快衰老的速度。合理的饮食、适当的营养，可以延缓衰老的进程。如果膳食不合理，营养不平衡，就会影响机体的内环境，破坏生理代谢的过程，加速机体的衰老。

如果营养过剩，不仅会引起肥胖，还会导致心血管疾病、脑血管疾病以及糖尿病等。因此，人们应注意：饮食要合理，营养要平衡，养生保健要有预防为先的意识。

3. 癌从口入

癌症是由多种因素引起的，现已证明，食物中某些成分能抑制癌症的发生，某些成分也能促进癌症的形成。

许多癌症的发生与环境因素关系密切，而饮食是人们与外环境接触最密切的方面，因此食物和癌症之间的关系非常重要。大量的实验调查和动物试验表明，许多消化道癌症的发生与饮食有密切的关系，长期不良的饮食习惯，是人类致癌的最直接因素：

(1) 食管癌与长期患缺铁性贫血有关。
(2) 甲状腺癌与食物中缺碘有关。
(3) 上消化道癌及胰腺癌与核黄素缺少有关。
(4) 胃癌、食道癌和宫颈癌与维生素A缺乏有关。
(5) 食管癌和胃癌与维生素C缺乏有关。

中小学生卫生防疫知识手册

21

版权所有 侵权必究

（6）肝癌与维生素 B_6 缺乏有关。

（7）饮酒过度不仅容易导致肝硬化，还能引起肝癌、胃癌、结肠癌、直肠癌等，如果酗酒又加上吸烟，还能增加口腔癌、喉癌、食道癌及肺癌的发病率。

因此，我们应重视癌从口入，平时在一日三餐中，应增加新鲜蔬菜和水果，多吃含有维生素C与胡萝卜素的食品，少吃腌制的食物和油炸食物，如能合理调整膳食结构，平衡营养，对防癌抗癌将有积极的意义。

二、饮食的心理卫生

饮食营养价值，不仅决定于食物中所含营养素的质量和数量，而且与食物的消化、吸收有关。愉快的情绪，能调节人体的神经系统，促进人体一系列有益于健康的生理活动，如促进唾液、胃液、胰液的分泌，提高食欲；促进胃肠蠕动有规律，有助于食物的消化、吸收；等等。在吃饭时，如伴有生气、吵架、悲伤、烦恼等不佳情绪，不仅食而不知其味，还影响食物的消化、吸收，有碍健康，甚至引起疾病。

因此，除了合理地选择食物，保证人体能获得各种营养素外，还必须讲究饮食的心理卫生，在吃饭时应控制自己的情绪，保持愉快的心情。有一个良好的吃饭环境，可以改善人的情绪，增进食欲，使食物得到很好的消化、吸收和利用，有利于养生保健。

三、世界公认的"十大健康水果"

第一名：苹果 营养丰富，能健身、防病、疗疾。实验证明：糖尿病患者宜吃酸苹果；防治心血管疾病和肥胖症则应选择甜苹果；治疗便秘时可吃熟苹果；睡前吃鲜苹果可消除口腔内细菌，改善肾脏功能；生苹果

版权所有　侵权必究

榨成汁可防治咳嗽和嗓子嘶哑;苹果泥加温后食用,是儿童与老年人消化不良的好药方。

第二名:杏 含有丰富的β胡萝卜素,能很好地帮助人摄取维生素A。

第三名:香蕉 钾元素的含量很高,这对人的心脏和肌肉功能很有好处。

第四名:黑莓 同等质量黑莓中纤维物质的含量是其他水果的3倍多,多吃黑莓,对心脏健康有帮助。

第五名:蓝莓 是一种特别的水果,多吃蓝莓可减少尿路感染的概率。

第六名:甜瓜 维生素A和C的含量都很高,是补充维生素的理想食品。

第七名:樱桃 能帮助人保护心脏健康。

第八名:越橘 能帮助人们减少患尿路感染的概率。

第九名:葡萄柚 维生素C的含量很高。

第十名:紫葡萄 类黄酮等物质对心脏可提供三重保护。

四、食品卫生安全十提示

1.认真对待"有效期"和"保质期"。不购买过期产品,发现过期产品应向商店经营者调换。如果包装食品在包装上标明的有效期内"变坏"或回家后发现包装破损,应退货。

2.假冒伪劣食品涉及使用劣质、廉价原料来欺骗消费者并降低竞争成本。如发现销售假冒品牌、假冒标签的食品及被污染过的食品等应向有关机构检举揭发。检举揭发可以帮助有关部门查处不法商贩,防止此类事件重现。

版权所有 侵权必究

中小学生卫生防疫知识手册

3. 生鲜食品特别是肉类、鱼类和其他海鲜,应存放在冰箱底层,加工过的食品放在顶层。

4. 不要将热食物放入冰箱,因为这样会使冰箱内温度升高。

5. 将罐、瓶和包储存在干燥凉爽的地方并防范昆虫或鼠类等。

6. 记住在准备食物和吃饭前一定要洗手。

7. 处理生鲜食物的用具使用后,处理已烹调过的食品用具使用前,都必须彻底清洗。

8. 认真选择食品采购和就餐的地点。确保其人员、餐具和其他设施都卫生整洁。

9. 热食物应该很热,冷食物应该冰凉。避免食用任何在室温下保存4小时以上的食物。

10. 如果对水果和蔬菜等生鲜食品有怀疑,安全原则是"清洗、煮食、烹调、削皮或扔掉"。

五、饮食上如何防止肠道寄生虫病

人体常患的肠道寄生虫病有:蛔虫病、鞭虫病、绦虫病、钩虫病等,这些肠道寄生虫病,大都由于饮食不洁或不卫生的饮食习惯所致。因此,防治的办法,首先要注意卫生,其次可食用某些具有防治功能的食物。

蛔虫病:蛔虫卵主要经粪便污染蔬菜进入人体肠道。因此,生吃蔬菜瓜果前,一定要洗净消毒。制作凉拌菜时要用开水烫过。同时,要做到饭前、便后洗手,防止手污染食品。

鞭虫病:鞭虫卵经手、内衣、飞扬的尘埃等途径感染。因此,要注意个人卫生,不吸吮手指,并经常擦洗桌椅、玩具等,注意口腔卫生。

六、讲究饮食卫生

1. 要选购新鲜的食物,尤其

版权所有 侵权必究

是动物性食品,如肉、禽、鱼、虾等。要防止食物在运输中被污染。

2. 食品加工过程中,生和熟的食品用具应分开。注意清洗与消毒,防止交叉污染。

3. 食物要煮熟,尤其是动物性食品。不应吃生的水产品,如生鱼、生虾、生腌蟹等。食品应现做现吃,如有剩饭、剩菜,再吃时,要回锅再煮。

4. 食品应低温保存,或放于阴凉通风处。

5. 砧板使用后,要及时洗刷干净,并经常消毒。

6. 不要吃有哈喇味的食品。

7. 铝锅不宜久放饭菜。

8. 不应用报纸包装食品。

第二章 当心有毒、有害、禁忌的食品

一、"垃圾食品"危害多,家长、儿童慎选择

1. "垃圾食品"的概念

那些高热量、高脂肪、高糖分,营养素单一,在日常生活中容易过量摄入,从而导致肥胖、糖尿病、心血管系统疾病的食物,以及含有致癌因子和有毒物质的食物,被视为"垃圾食品"。

2. "垃圾食品"的危害

"垃圾食品"对儿童的危害,引起了全世界的关注。大量食用"垃圾食品"对儿童的智力、身高发育会产生很大影响。

(1)**高脂肪饮食易造成儿童肥胖**。肥胖影响激素代谢,尤其是用于代谢血糖的胰岛素,如果胰岛素分泌过少会抑制蛋白质合成,这对儿童的生长发育极为不利。

(2)**影响身高,导致性早熟**。不加控制地食用汉堡、炸鸡、炸薯条等快餐食品以及虾片等儿童爱吃的膨化食品,是影响儿童身高的重要因素,还会导致儿童性早熟。

(3)**过量食用"垃圾食品"还会影响儿童的智力发展**。肥胖

中小学生卫生防疫知识手册

儿童体内脂肪过多，会对神经细胞产生影响，损害孩子正在发育的神经通道，对孩子的智力发育造成伤害。

3. "垃圾食品"的富贵病诱因

(1)**"垃圾食品"首先是那些含有致癌因子和有毒物质的食物。**如油炸类、烧烤类食物中含有大量致癌物质，一些腌制的、膨化的食物和精加工的肉肠类食品中含有大量亚硝酸盐等危害很大的化学成分，还有些食品中加入了过量的人工添加剂，这些食品给人体造成了巨大的危害，可以不折不扣地称为"垃圾食品"。

(2)**"垃圾食品"还有一部分是高脂肪、高热量、高糖分的"三高"食物。**有些"三高"食品虽然不一定含有其他对人体有害的化学成分，但当人们的饮食结构不合理，偏食这些高脂肪、高糖分食物，造成热量摄入过多而其他营养成分缺乏时，这些食物就变成了"垃圾食品"。如果均衡饮食，在适量食用这些食物的同时摄入足量的蛋白质、维生素、矿物质等其他营养元素，使脂肪在饮食结构中占有科学的、适当的份额，此时就不能简单地说所有的高热量、高脂肪、高糖分食品都是"垃圾食品"。

在我们日常所接触的食物中，没有哪一种可以称得上是蛋白质、脂肪、碳水化合物、维生素、矿物元素及膳食纤维素的含量齐全、搭配合理的，因此，无论高热量还是低热量的食物，如果单一、大量地食用都对人体有害。

但是，多数人都偏爱那些高热量、高脂肪、高糖分的食品，比如汉堡包、薯条、炸鸡翅、烤肠等，很少有人爱吃淡而无味的低脂

中小学生卫生防疫知识手册

版权所有 侵权必究

食品。为什么有的人喜欢吃"三高"食物呢？是因为"三高"食物通常口味较重，对人的味觉产生刺激，而人的味觉一旦接受了这种美味的刺激后就会上瘾，很难拒绝这种味道的诱惑。

(3)**"垃圾食品"容易使人上瘾。**其重要原因是某些油炸或加工食品中含有很多香料、色素、调味剂、膨化剂等食品添加剂。这些化学制剂使食物在颜色、味道、外观上对人产生巨大的诱惑，令人难以抗拒。还有些不法商贩在食物中加入使人上瘾的药物，这些药物会影响人体的中枢神经系统，使人产生依赖，以此让消费者对这些食物难以割舍。

所有珍惜健康的人都应远离"垃圾食品"，尤其是那些被专家称为不折不扣的"垃圾食品"，如油炸食品、膨化食品、腌制食品、可长期保存的肉肠类食品等。这类多油脂的食物增加了不易消化的因素，往往要在胃肠里呆很长时间，是造成便秘的主要因素，并促使血液超量流入并滞留胃肠道，促使体液酸性化，带来肥胖、糖尿病、高血压、高血脂、心脏病等富贵病。因此，人们对"垃圾食品"要有足够的警惕。

4.九大战术助孩子戒"垃圾食品"瘾

(1)**晓之以理战术**：不断灌输"垃圾食品"的害处。孩子当然不会马上理解，但重复的次数多了，孩子再有贪吃"垃圾食品"的欲望时，他会犹豫。这是一项远期工程，等孩子大一点有了分辨能力和自制能力，家长的话会潜移默化地影响他今后对食物的选择。

(2)**替代物战术**：尽量让孩子吃水果、蔬菜和其他含丰富维生

版权所有 侵权必究

素以及矿物质的食物，把孩子小小的胃占满。饱饱的感觉不会让他生出吃其他食物的欲望。

(3)小包装战术：尽量买小包装的"垃圾食品"，目的是给孩子尝尝，满足他的好奇心，而不是给他当饭吃。

(4)转移视线战术：在孩子一边吃一边玩着"垃圾食品"包装时，大人装着对这些包装感兴趣，再巧妙地将孩子的注意力转移到别的物品上。

(5)回避战术：趁孩子休息时或跟他人游戏时，家长独自去购物，以避免"垃圾食品"对孩子的诱惑。同时，不要买孩子喜欢吃的"垃圾食品"存放在家里。

(6)饭后茶点战术：千万不可强硬地规定不许孩子吃快餐，聪明的孩子非常容易对被禁止的事情产生强烈的好奇心，结果反而使得想去的愿望更加强烈。要吃过正餐后再带孩子去散步，路过快餐店时，主动带孩子进快餐店。由于孩子已吃过正餐，吃不下太多东西，一杯橙汁或一包小号薯条就能令他满足。这样渐渐培养孩子的习惯——将快餐当饭后茶点而不是正餐。

(7)一次到位战术：每月一次或两次，家长带孩子正式地大吃一顿快餐。孩子想吃什么大人就买什么，一次到位地满足孩子的愿望，省得孩子老是惦记有什么东西还没吃过。但同时要带一小盒在家切好的碎果块和可生吃的蔬菜，以弥补维生素的不足。

(8)蔬菜汤战术：让孩子知道，除了汉堡包、薯条和可乐，世界上的美味还很多。要是担心孩子吃的蔬菜太少，从快餐店回来时，顺路买点绿色蔬菜、西红柿、黄瓜、两个鸡蛋、几个香菇、一把虾仁，烧个味美而有营养的汤给自己和孩子享用。

版权所有　侵权必究

(9)大开眼界战术：其中最为简单易行的是家长亲手做的水果蔬菜沙拉。各种颜色的果肉和蔬菜拌在一起，浇上乳黄色的蛋黄酱，赤橙黄绿，鲜亮又美味诱人，吃起来口感爽爽的，孩子一见倾心，一下子就把快餐抛到脑后去了。

二、世界卫生组织公布的全球"十大垃圾食品"及其危害

1. 油炸类食品

危害：(1)导致心血管疾病的元凶；(2)含致癌物质；(3)破坏维生素，使蛋白质变性，如油条、麻花、薯条、炸鸡腿、炸猪排等。

2. 腌制类食品

危害：(1)导致高血压、肾负担过重，甚至导致鼻咽癌；(2)影响黏膜系统，对胃肠有害；(3)易得溃疡和胃炎，如腊肉、熏肉、咸肉等。

3. 加工类肉食品

危害：(1)含三大致癌物质之一：亚硝酸盐；(2)含大量防腐剂，加重肝脏负担。如肉干、肉松、香肠等。

4. 饼干类食品(不含低温烘烤和全麦饼干)

危害：(1)食用香精和色素过多，对肝脏功能造成负担；(2)严重破坏维生素；(3)热量过多，营养成分低。

5. 汽水可乐类食品

危害：(1)含磷酸、碳酸，会带走体内大量的钙；(2)喝后有饱胀感，影响正餐摄入。

6. 方便类食品(主要指方便面和膨化食品)

危害：(1)盐分过高，含防腐剂、香精(损肝)；(2)只有热量，没有营养，如方便面、方便炒饭等。

版权所有 侵权必究

7.罐头类食品(包括鱼肉类和水果类)

危害:(1)破坏维生素;(2)热量过多,营养成分低。罐头破坏了水果和鱼肉本身的维生素,营养成分非常低,热量还特别多。

8.话梅蜜饯类食品(果脯)

危害:(1)含亚硝酸盐;(2)盐分过高,含防腐剂、香精(损肝)。

9.冷冻甜品类食品

危害:(1)含奶油,极易引起肥胖;(2)含糖量过高,影响正餐,如冰淇淋、雪糕里面的奶油极易引起肥胖,含糖分过高还影响正餐。

10.烧烤类食品

危害:(1)含大量三苯四丙吡(三大致癌物质之首);(2)导致蛋白质炭化变性,加重肾脏、肝脏负担。食物烧烤后对健康是有害的,由于肉直接在高温下进行烧烤,被分解的脂肪滴在炭火上,再与肉里蛋白质结合,就会产生致癌物质,如烤肉串、烤鸡、烤牛排等。

三、"三无"食品危害大,教师家长应把关

1."三无"食品的特征

(1)好看、好玩:包装好看,形状好玩,里面甚至还有卡片、玩具等。

(2)好闻、好吃:麻辣适宜,香甜可口,味色太诱人,吃了还想吃,很容易上瘾。

(3)无厂家、厂址和生产日期,无保质期(有的即使有也是不实的)。

版权所有 侵权必究

中小学生卫生防疫知识手册

(4)**质量无保障**:对少年儿童身心健康危害极大,而且还容易致病。

2. "三无"食品的消费群体

中、小学生是学校周边这类便宜食品的主要消费群体。他们大多缺乏辨别能力,只靠味觉和嗅觉评判食品的好坏,而这些便宜食品恰好迎合了这些孩子的口味。

3. "三无"食品存在的问题

(1)**使用添加剂而没有明确标注**。未标注的添加剂主要是糖精钠、苯甲酸和胭脂红。

(2)**菌落总数超标**。据查邢台某公司生产的冰棍棒冰,菌落总数超出国家标准近4倍;承德兴隆一家食品公司生产的山楂卷,菌落总数是国家标准2倍多。

(3)**超量使用食品添加剂**。如一家果脯有限公司生产的山楂酪,其标签明示未添加糖精钠,但实际检出了,而且其胭脂红含量也超出规定限量。

4. 教师家长如何把关

(1)**看包装**。外包装上应有生产厂名、厂址、生产日期、执行标准、配料表、净含量等标识;实行食品准入制的食品还应标注QS标志和生产许可证编号。注意包装是否密封,食品是否在有效的保质期内,是否具有有效的合格证明等。

(2)**看外观**。食品色泽是否均匀一致,是否霉变或含有杂质,对于颜色过于鲜艳的食品应谨慎购买。

(3)**闻气味**。一般香味特别浓郁的食品很有可能含有不符合国家相关标准的成分。

(4)**儿童食品要到正规商店里购买**。尽量选择信誉度较好的品牌;不要在小摊小店购买内含卡片、玩具的食品。

中小学生卫生防疫知识手册

四、四种鸡蛋不能吃

1. 望蛋不能吃

望蛋即"死胎蛋",这种蛋所含的营养成分(蛋白质、脂肪、糖类等)在孵化过程中已被胚胎利用掉了,营养价值并不高。而且,此类蛋中含有许多大肠肝菌、葡萄球菌、伤寒杆菌和变形杆菌。所以吃这种鸡蛋不仅对人体无益,还会引起食物中毒和其他疾病。

2. 臭鸡蛋禁止吃

日常生活中,有人对臭鸡蛋情有独钟。鸡蛋变臭是因为鸡蛋放久了,或有裂缝,随着蛋清中的杀菌素逐渐减少,通过蛋壳气孔或裂缝侵入的细菌大量繁殖,产生甲烷、氮、氨、二氧化碳等物质,发出恶臭。臭蛋经烹调后,其中的胺类、亚硝酸盐、细菌毒素等依然存在,食后会引起恶心、呕吐等中毒症状,吃多了还会诱发癌症。

3. 煎煮过老的鸡蛋不宜吃

鸡蛋煮得时间过长,蛋黄中的亚铁离子与蛋白中的硫离子化合生成难溶的硫化亚铁,很难被吸收。营养学家认为,鸡蛋以沸水煮5~7分钟为宜。油煎鸡蛋过老,边缘会被烤焦,鸡蛋清所含的高分子蛋白质会变成低分子氨基酸,这种氨基酸在高温下可形成有毒的化学物质。

4. "功能鸡蛋"谨慎吃

随着科学技术的发展,富含锌、碘、硒、钙的各种"功能鸡蛋"问世。其实,并非所有人都适合食功能鸡蛋。因为并不是每个人都缺功能鸡蛋中所含的营养素。因此,消费者在选择功能鸡蛋时应

版权所有 侵权必究

中小学生卫生

防疫知识手册

有针对性,缺什么吃什么,否则可能适得其反。

五、五种水千万不能喝

水是人类赖以生存的、不可缺少的重要物质,人可一日无食,但不可一日无水。并非所有的水都可以饮用,以下五种水可能会形成亚硝酸盐及其他有毒、有害物质,会对人体产生一定的危害,因此应引起高度重视。

1.老化水 俗称"死水",也就是长时间储存不动的水。常饮用这种水,对未成年人来说,会使细胞新陈代谢明显减慢,影响身体生长发育;中老年人则会加速衰老;许多地方食道癌、胃癌发病率日益增高,据医学家们研究,可能与长期饮用老化水有关,老化水中的有毒物质随着水储存时间的增加而增多。

2.千滚水 千滚水就是在炉子上沸腾了一夜或反复沸腾的

水,还有电热水器中反复煮沸的水。这种水因煮得过久,水中的不挥发性物质,如钙、镁等重金属成分和亚硝酸盐含量很高。常饮这种水,会干扰人的胃肠功能,出现暂时腹泻、腹胀;有毒的亚硝酸盐还会造成机体缺氧,严重者会昏迷惊厥,甚至死亡。

3.蒸锅水 蒸锅水就是蒸馒头等剩下的水,特别是经过多次反复使用的蒸锅水,亚硝酸盐浓度很高。常饮这种水或用这种水熬稀饭,会引起亚硝酸盐中毒;水垢经常随水进入人体,还会引起消化、神经、泌尿和造血系统病变,甚至引起早衰。

4.不开的水 人们饮用的自来水都是经氯化消毒灭菌处理过的,处理过的水中可分离出13种有害物质,其中卤化烃、氯仿还具有致癌、致畸作用。当水温达到90℃时,卤化烃含量由原来

中小学生卫生防疫知识手册

版权所有 侵权必究

的每千克53微克上升到177微克,超过国家饮用水卫生标准的2倍。专家指出,饮用未煮沸的水,患膀胱癌、直肠癌的可能性增加21%～38%。当水温达到100℃,这两种有害物质会随蒸汽蒸发而大大减少,如继续沸腾3分钟,则饮用更安全。

5. 重新煮开的水　有人习惯把热水瓶中剩余的温开水重新烧开再饮,目的是节水、节煤(气)、节时。但这种"节约"不足取。因为水烧了又烧,使水分再次蒸发,亚硝酸盐浓度会升高,常喝这种水,亚硝酸盐会在体内积聚,引起中毒。

六、当心六种毒菜

1. 绿色土豆　绿色土豆是阳光晒绿的,内含龙葵毒,人食用后会引起中毒。

2. 鲜木耳　鲜木耳中含有一种光感物质,人食用后,会随血液循环散布到人体表皮细胞中,人体受阳光照射后,会引发日光性皮炎。

3. 鲜蚕豆　有的人体内缺少某种酶,食用鲜蚕豆后会引起溶血性贫血。其表现为全身乏力、贫血、黄疸、肝肿大、呕吐、发热等,若不及时抢救,会因极度贫血而死亡。

4. 未炒熟的四季豆　未炒熟的四季豆中含有皂甙,人食用后会中毒。炒熟的四季豆则无毒。

5. 鲜黄花菜　又名"金针菜"。其含有的毒物质秋水仙碱进入人体后,会使人嗓子发干,口渴,胃有烧灼感,恶心,呕吐,腹痛、腹泻。

6. 青西红柿　未成熟的西

版权所有　侵权必究

红柿含生物碱,人食用以后可导致中毒。

此外,未洗净的带有残留农药的蔬菜也不能吃,易引起中毒。

七、七种蔬菜的饮食禁忌

1. 常在餐前吃西红柿

餐前吃西红柿容易使胃酸增高,食用者会产生烧心、腹痛等不适症状。餐后吃西红柿,由于胃酸已经与食物混合,胃内酸度会降低,就能避免出现这些症状。

2. 饮胡萝卜汁又饮酒

如果将含有丰富胡萝卜素的胡萝卜汁与酒精一同摄入体内,可在肝脏中产生毒素,引起肝病。因此,建议人们不要在饮用胡萝卜汁后又饮酒,或是在饮酒之后饮用胡萝卜汁。

3. 香菇过度浸泡

香菇富含麦角淄醇,这种物质在接受阳光照射后会转变为维生素 D。如果用水浸泡或过度清洗,就会损失麦角淄醇等营养成分。

4. 炒豆芽菜欠火

豆芽质嫩味美,营养丰富,但吃时一定要炒熟;否则,由于豆芽中含有胰蛋白酶抑制剂等有害物质,食用后可能会引起恶心、呕吐、腹泻、头昏等不良反应。

5. 炒苦瓜不焯

苦瓜所含的草酸可妨碍食物中钙的吸收。因此,在炒苦瓜之前,应该先把苦瓜放在沸水中焯一下,待去除草酸后再炒。

6. 绿叶菜存放过久

剩菜,尤其是韭菜等绿叶蔬菜,存放过久会产生大量亚硝酸盐,即使表面上看起来不坏,嗅之无味,但也能使人产生食物中

中小学生卫生防疫知识手册

版权所有 侵权必究

毒,尤其是体弱和敏感者。因此,对绿叶蔬菜既不要长时间烹调,也不能做好后存放过久。

7. 来源不明的野蘑菇

有毒蘑菇中的毒素会破坏人的神经系统,让中毒者产生幻觉,有的毒素危害人的

肝脏、肾脏,致人发烧、腹泻等。不要食用来源不明的野蘑菇,如果喜欢吃蘑菇,可在市场上购买人工种植的菌菇,这样更安全可靠。

八、八种食品催早衰

我们在生活中常常可以见到这样的现象:相同年龄和相同工作环境的人,从外表上看可以相差十几岁甚至更多,说明有些人有未老先衰的现象。这种未老先衰是由多种原因造成的,其中常吃某些易催人早衰的食物是一个重要原因。

1. 含铅食品　铅会使脑内去钾肾上腺素、多巴胺和5–羟色胺的含量明显降低,造成神经质传导阻滞,引起记忆力衰退、痴呆症、智力发育障碍等。人体摄入铅过多,还会直接破坏神经细胞内遗传物质脱氧核糖核酸的功能,不仅易使人患痴呆症,而且会使人脸色灰暗,过早衰老。

2. 腌制食品　在腌制鱼、肉、菜等食物时,加入的食盐容易转化成亚硝酸盐,它在体内酶的催化作用下,易与体内的各类物质作用生成亚胺类的致癌物质,人吃多了易患癌症,并促使人体早衰。

3. 霉变食品　粮食、油类、花生、豆类、肉类、鱼类等发生霉变时,会产生大量的病菌和黄曲霉素。这些发霉食物一旦被人食用后,轻则发生腹泻、呕吐、头昏、眼花、烦躁、肠炎、听力下降和全身

版权所有　侵权必究

中小学生卫生防疫知识手册

无力等症状,重则可致癌致畸,并促使人早衰。

4. 水 垢 茶具或水具用久以后会产生水垢,如不及时清除干净,经常饮用会引起消化、神经、泌尿、造血、循环等系统的病变而引起衰老,这是由于水垢中含有较多的有害金属元素(如镉、汞、砷、铝等)造成的。

5. 过氧脂质 过氧脂质是一种不饱和脂肪酸的过氧化物。例如,炸过鱼、虾、肉等的食用油,放置久了即会生成过氧脂质;长期晒在阳光下的鱼干、腌肉等;长期存放的饼干、糕点、油茶面、油脂等,特别是容易产生哈喇味的油脂,油脂酸败后会产生过氧脂质,进入人体后,会对人体内的酸系统以及维生素等产生极大的破坏作用,并加速促人衰老。

6. 高温油烟 食用油在高温的催化下,会释放出含有丁二烯成分的烟雾,而长期大量吸入这种物质不仅会改变人的遗传免疫功能,而且易患肺癌。研究报告表明,菜籽油比花生油的致癌危险性更大,因在高温下菜籽油比花生油释放的丁二烯成分要高出22倍。

7. 烟 雾 当炉火、煤烟、香烟、灰尘中的有害气体经呼吸道吸入肺部,渗透到血液中后,就会给人带来极大的危害。尤其是吸烟者,将烟吸入肺部,尼古丁、焦油及一氧化碳等为胆固醇的沉积提供了条件,会造成动脉硬化,促人衰老。

8. 酒精饮料 大量或经常饮酒,会使肝脏发生酒精中毒,导致其发炎肿大,另外还会导致男性精子畸形、性功能衰退等,女子则会出现月经不调、停止排卵等早衰现象。

中小学生卫生防疫知识手册

九、哪些水产品不宜吃

水产品保存不当很容易腐败变质,食之就会引起中毒,损害人体健康。哪些水产品不能吃呢?

1. **死鳝鱼、死甲鱼、死河蟹不能吃** 鳝鱼、甲鱼、河蟹只能活宰现吃,不能死后再宰食,因为它们的肠胃里带有大量的致病细菌和有毒物质,一旦死后便会迅速繁殖和扩散,食之极易中毒甚至有生命危险,所以不能吃。

2. **皮青肉红的淡水鱼不能吃** 这类鱼往往鱼肉已经腐败变质,由于其含组胺较高,食后会引起中毒,绝对不可食用。

3. **染色的水产品勿吃** 有些不法商贩将一些不新鲜的水产品进行加工,如给黄花鱼染上黄色,给带鱼抹上银粉,再将其速冻起来,冒充新鲜水产品出售,以获厚利。着色用的化学染料肯定对人体健康不利,所以购买这类鱼时一定要细心辨别。

4. **反复冻化的水产品不能吃** 有些水产品销售时解冻,白天售不出晚上再冰冻起来,日复一日,反复如此,这不仅影响了水产品的品质、口味,而且会产生不利于人体健康的有害物质,故购买时需加以注意。

5. **用对人体有害的防腐剂保鲜的水产品不宜吃** 有些价格较名贵的鱼类,人们通常是吃鲜活的,如死了再速冻就卖不出好价钱了,所以有些商贩将这些名贵死鱼泡在亚硝酸盐或经稀释的福尔马林溶液中,或将少量福尔马林注入鱼体中,甚至将鱼在含有毒性较强的甲醛溶液中浸泡,以保持鱼的新鲜度,这类水产品对人体危害是很大的,不吃为妙。

6. **各种畸形的鱼不能吃** 江河湖海水域极易受到农药以及含有汞、铅、铜、锌等金属废水、废物的污染,从而导致生活在这

版权所有　侵权必究

中小学生卫生

防疫知识手册

些水域环境中的鱼类也受到侵害,使一些鱼类生长不正常,如头大尾小、眼球突出、脊弯曲、鳞片脱落等,购买时要仔细观察,发现各种畸形的鱼以及食用时发现鱼有煤油味、火药味、氨味以及其他不正常的气味时应毫不犹豫地放弃,以保安全。

十、吃蟹有哪些禁忌

螃蟹肉质鲜嫩,味美好吃。但是,吃螃蟹要讲究卫生,否则会影响身体健康,甚至引发疾病。那么,吃蟹应注意哪些问题呢?主要有五忌:

1. 忌吃生蟹　螃蟹种类虽多,有大石蟹、毛脚蟹、河蟹、湖蟹、海蟹、江蟹等,但它们都是在淤泥中生长的,以动物尸体及腐质为食,其体表、鳃和胃肠中布满了各种细菌,如果生食,极易被细菌感染。因此,生螃蟹不能吃,一定要洗净、蒸熟、煮透后,才能放心地吃。

2. 忌吃死蟹　螃蟹死后,僵硬期和自溶期大大缩短。蟹体内的细菌会迅速繁殖并扩散到蟹肉中去。在弱酸的条件下,细菌会分解蟹体内的氨基酸,产生大量组胺和类组胺物质。螃蟹死的时间越长,体内积累的组胺和类组胺物质越多。人吃了死蟹后,组胺会引起过敏性食物中毒,类组胺会引发呕吐、腹痛、腹泻等,危害身体。

3. 忌吃蟹的四种器官　(1)蟹胃:在蟹壳内前缘中央似三角形的骨质小包;(2)蟹肠:由胃到脐的一条黑线;(3)蟹心,俗称"六角板";(4)蟹鳃:腹部为眉毛状的两排软绵绵的东西。这四种器官中,细菌和有害物质最多,吃的时候一定要摘除。

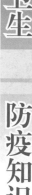

中小学生卫生 防疫知识手册

4.忌蟹与柿子同吃 螃蟹体内含有丰富的蛋白质,柿子含有较多的鞣质和果胶。螃蟹与柿子同吃时,蛋白质与鞣质相结合,容易沉淀,凝固成不易消化的物质。因鞣质具有收敛作用,故还能抑制消化液的分泌,致使凝固物质滞留在肠道内发酵,使人出现呕吐、腹泻等中毒症状。所以,吃螃蟹时忌吃柿子,吃柿子后也忌吃螃蟹。

5.忌吃蟹过多 蟹肉性寒,不可吃得过多。尤其是脾胃虚寒者、伤风感冒者、心血管病人以及易患过敏症者,吃螃蟹更要节制,最好不吃。

十一、哪类毒鱼不宜吃(专业烹调除外)

国内毒鱼有170余种,按含毒部位和毒素的性质,毒鱼有:1.豚毒鱼类;2.含高组胺鱼类;3.胆毒鱼类;4.肌肉毒鱼类;5.毒贝类等。食青皮红肉鱼类(鲭鱼、鲐鱼、秋刀鱼、金枪鱼、沙丁鱼等)容易中毒。这些鱼如果保存不当被细菌污染后,鱼体的蛋白质可能被分解而产生大量组胺及其他有毒物质,人们食入这类被污染的鱼,10分钟至3小时之内会引起鱼组胺中毒,可出现头昏、头痛、面红、胸闷、气短、口干、心跳快、血压下降等,有时会出现荨麻疹、眼红、恶心、呕吐及腹泻等症状。其它毒贝中毒以神经症状为主,可导致死亡。

40

版权所有 侵权必究

十二、河豚鱼的特征及引起中毒的原因

1. 河豚鱼的特征(鉴别方法)

河豚鱼体形长、圆,头比较方、扁,有的有美丽的斑纹,有些则没有斑纹,而是一片黑色的鱼,还有的河豚鱼外观呈菱形,眼睛内陷半露眼球,上下齿各有两个牙齿形似人牙,鳃小不明显,肚腹为黄白色,背腹有小白刺,鱼体光滑无鳞,呈黑黄色。

2. 河豚鱼引起中毒的原因

河豚鱼是一种味道鲜美但含有剧毒的鱼类,有些地方称为腊头鱼、街鱼、乖鱼、龟鱼等。河豚鱼的有毒成分是河豚毒素,它是一种神经毒,人食入豚毒0.5~3毫克就能致死。河豚的肝、脾、肾、卵巢、睾丸、眼球、皮肤及血液均有毒。卵、卵巢和肝脏最毒,肾、血液、眼睛和皮肤次之。毒素耐热,100℃下加热8小时都不能被破坏,120℃下加热1小时才能破坏,盐腌、日晒亦均不能破坏毒素。

每年春季是河豚鱼的产卵季节,这时鱼的毒性最强,所以,春天是食用河豚鱼中毒的高发季节。

十三、鱼胆千万不能吃

有些人认为,鱼胆可治疗高血压、慢性支气管炎和眼病,便贸然食用。在我国南方,经常有人因食用鱼胆而发生中毒,甚至导致死亡。

食用青鱼、草鱼、鲢鱼、鳙鱼等的鱼胆后,均有中毒的报道。这些鱼类

中小学生卫生防疫知识手册

的胆汁中含有一种胆汁毒素,毒性较大。这种毒素进入人体后,首先损害肝细胞,使之变性、坏死。在它的排泄过程中又可使肾小管受损,引起肾小管的急性坏死,集合管阻塞,导致急性肾功能衰竭。

鱼胆毒素不易被高温和乙醇破坏,无论生熟均可使人中毒,而且毒性又异常剧烈,因此切勿食用鱼胆。

十四、十种孩子不宜常吃或多吃的食物

孩子一般喜欢吃一些色彩鲜艳、味道鲜美的食物,有些孩子还喜欢食用成人的食物和饮料。而父母总是一味地给孩子补充一些营养性食品。医学专家提醒以下十种食物不宜常吃或多吃:

1. 菠　菜　菠菜中含有大量草酸,草酸在人体内遇上钙和锌便生成草酸钙和草酸锌,不易吸收而排出体外。儿童生长发育需要大量的钙和锌,如果体内缺乏钙和锌,不仅可导致骨骼、牙齿发育不良,而且还会影响智力发育。

2. 橘　子　橘子虽然营养丰富,但含有叶红素,吃得过多,容易产生"叶红素皮肤病"、腹痛、腹泻,甚至引起胃病。故儿童吃橘子不宜过多。

3. 果　冻　果冻不是用水果汁加糖制成的,而是用增稠剂、香精、酸味剂、着色剂、甜味剂配制而成,这些物质对人体没有什么营养价值,却有一定毒性,吃多或常吃会影响儿童的生长发育和智力健康。

版权所有　侵权必究

4. 浓　茶　浓茶中含有大量鞣酸,鞣酸在人体内遇铁便生成鞣酸铁,难以被人体吸收,容易造成人体缺铁。儿童缺铁不仅会发生贫血,而且还会影响智力发育。

5. 鸡　蛋　鸡蛋虽然是营养成分比较全面的食品,但若吃得过多,就会增加体内胆固醇的含量,容易造成营养过剩,导致肥胖,还能增加胃肠、肝肾的负担,引起功能失调。故儿童吃鸡蛋每天不宜超过3个。

6. 咸　鱼　各种咸鱼都含有大量的二甲基亚硝酸盐,这种物质进入人体后,会转化为致癌性很强的二甲基亚硝胺。研究表明,在10岁前经常吃咸鱼,成年后患癌症的危险性比一般人高30倍。故儿童不宜常吃多吃咸鱼。

7. 泡泡糖　泡泡糖中的增塑剂含有微毒,其代谢物苯酚也对人体有害。另外,儿童吃泡泡糖的方法很不卫生,容易造成胃肠道疾病。

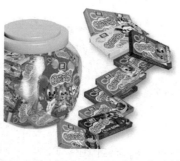

8. 糖　精　目前,儿童食用带甜味的食品和饮料,很多加入了糖精。据研究表明,大量食用糖精会引起血液、心脏、肺、末梢神经疾病,损害胃、肾、胆、膀胱等器官。因此,我国规定病人和儿童食品不得使用糖精。

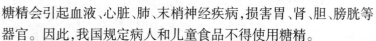

9. 豆　类　豆类含有一种能致甲状腺肿大的因子,可促使甲状腺素排出体外,造成体内甲状腺素缺乏,机体为适应这一需要使甲状腺体积增大。儿童正处于生长发育时期更易受害,故儿童不宜常吃多吃豆类食物。

中小学生卫生防疫知识手册

版权所有　侵权必究

10. 人 参 目前,市场上有不少人参食品,如人参糖果、人参麦精、人参奶粉、人参饼干、人参蜂王浆等。人参有促进性激素分泌的作用,儿童食用人参会导致性早熟,严重影响身体的正常发育。

第三章 常见食物中毒的特点及预防措施

一、"食物中毒"的概念

食物中毒是指吃了不洁或有毒的食物而导致的疾病。通常在吃了有问题的食物1~72小时内发病,病情严重者可以致命。

二、食物中毒的分类

食物中毒按病原物质分为以下几类:

1. 细菌性食物中毒 指因食用被致病菌或其毒素污染的食物引起的急性或亚急性疾病,是食物中毒中最常见的一类。发病率较高而病死率较低,具有明显的季节性。

2. 有毒动植物中毒 指误食有毒动植物或食用因加工、烹调方法不当未除去有毒成分的动植物食物引起的中毒。发病率较高,病死率因动植物种类而异。

3. 化学性食物中毒 指误食有毒化学物质或食用被其污染的食物而引起的中毒,发病率和病死率均比较高。

4. 真菌毒素和霉变食物中毒 食用被真菌及其毒素污染的食物而引起的急性疾病。发病率较高,病死率因菌种及其毒素种类而异。

版权所有 侵权必究

中小学生卫生防疫知识手册

三、食物中毒的特点

1. 由于没有个人与个人之间的传染过程,所以导致发病呈暴发性。潜伏期短,发展迅速,短时间内可能有多数人发病,发病曲线呈突然上升的趋势。

2. 中毒病人一般具有相似的临床症状。常常出现恶心、呕吐、腹痛、腹泻等消化道症状。

3. 发病与食物有关。患者在近期内都食用过同样的食物,发病范围局限在食用该类有毒食物的人群,停止食用该食物后发病很快停止,发病曲线在突然上升后呈突然下降趋势。

4. 食物中毒病人对健康人不具有传染性。

四、预防食物中毒八注意

1. 挑选食品,要选择新鲜、无变质的。

2. 食物在食用前应充分清洗和浸泡。

3. 不了解的或不会烹调的食品尽量不吃,以防误食。

4. 为防止熟食被细菌污染,切生的食品和熟的食品所用的刀、砧板要分开;做凉拌菜一定要洗净消毒,最好不要吃隔顿凉拌菜。

生熟食物要分开存放

5. 冰箱里存放的食物,应尽快吃完,冷冻食品进食前要加热,因为不少细菌在冷藏、冷冻情况下不会死亡,绝不能把冰箱当作食品保险箱。

不要购买有毒的食物

6. 有些细菌产生的毒素不怕高温,因此,并不是食物加热后就可以吃了,一些剩饭、剩菜加热后仍有引起食物中毒的危险,常温下保存时间不得超过2小时。

7. 坚持锻炼,提高机体抵抗疾病的能力。

版权所有 侵权必究

45

中小学生卫生

防疫知识手册

8. 消灭苍蝇、蟑螂和蚂蚁等细菌的传播媒介。

五、食物中毒了怎么办

当食用不洁或有毒食物而出现头昏、呕吐等症状时,可先用干净的手指或筷子轻轻刺激咽部,引起呕吐反应,促使中毒者吐出吃进的食物,以减少中毒者吸收残留的毒素。与此同时,尽快将患者送到当地医院救治,并尽量将呕吐出的食物留作样本,供有关部门作检测之用。

第四章　食品卫生安全知识

食品卫生是爱国卫生运动的重要内容之一,搞好食品卫生是贯彻《食品卫生法》的实际措施。食品卫生搞不好,不仅影响人们的身体健康,还有可能引起食物中毒,甚至某些疾病的流行,影响学校正常秩序和社会安定。

一、畜禽类食品卫生安全知识

1. 食品及其基本的卫生要求

食品是指各种供人食用、饮用的成品。含原料以及按照传统既是食品又是药品的物品,但是不包括以治疗为目的的物品。加工、销售的食品,应当无毒、无害,符合应当有的营养要求,具有相应的色、香、味等感官性状。

2. 生产期和保质期的意义

定型包装食品在其商品标志或者说明书上,必须标明生产日期和保存期限,这是《食品卫生法》第二十一条明确规定的。它有法律效应和科学的

版权所有　侵权必究

依据,而且这两者是相关的,有一定约束意义。生产日期可追溯查找是哪一天生产的,依此还可以找出班次组别等,间接找出生产的责任者来;保存期限是根据食品性质决定的,对其产品质量负责,特别是易腐食品,标明保存期限尤为重要。采购员批发时或者消费者购买食品时均可作为参考依据。一旦发生问题,对追究生产、储存、销售等环节责任都是十分重要的。

3. 注水肉的危害与识别

注水肉是少数经营肉类食品的违法乱纪者在屠宰畜禽放血后,人为地通过颈动脉(或心脏)注入大量清水、生产污水、盐水,或直接往屠宰后的肉中注水,或用水浸泡,以增加肉的重量,达到牟取暴利的目的。注水肉一般容易腐烂变质,如果注入畜禽体内的是含有大量细菌或病毒的污水,可引起人体发病,这是一种违法行为。

消费者可通过以下方法鉴别注水肉:

(1)**观肉色** 正常肉呈暗红色,且富有弹性,经手按压很快能恢复原状,且无汁液渗出;而注水肉呈鲜红色,严重者呈泛白色,经手按压,切面有汁液渗出,且难恢复原状。

(2)**观察肉的新切面** 正常新肉,切面光滑,无或有很少汁液渗出;注水肉切面有明显不规则的淡红色汁液渗出,且呈水淋状。

(3)**吸水纸检验法** 用干净吸水纸,附在肉的新切面上,若是正常肉,吸水纸可完整揭下,且可点燃、完全燃烧,而若是注水肉则不能完整揭下吸水纸,且揭下的吸水纸不能用火点燃,或不能完全燃烧。

(4)**看水印** 有的消费者习惯把肉从案板上提起来看案板是否潮湿,这也是判断是不是注水肉的有效方法之一。

4. 猪肉中含有瘦肉精的危害及注意事项

瘦肉精是一类药物,而不是某种特定的药物,但在我国通常是盐酸克伦特罗的俗称,既不是兽药,也不是饲料添加剂,医学上叫克喘素,是人用平喘药。20世纪90年代以来,国内外养猪业广泛应用瘦肉精来提高瘦肉率。

瘦肉精化学结构稳定,在动物机体内不易分解,残留时间长,含瘦肉精的肉经过126℃油煎5分钟,只能破坏一半。人食用含有瘦肉精的猪肉,特别是猪肝、猪肺,会造成中毒,出现头昏、心悸、呕吐、全身肌肉颤抖等症状,甚至造成畸变和诱发恶性肿瘤,严重影响人体健康。

消费者在购买猪肉时,最好到正规市场,不要买肉质疏松且偏红色,肥膘很薄并带有很多气泡的猪肉。

5. 米猪肉的危害及其鉴别

米猪肉,即患有囊虫病的死猪肉。这种肉对人体健康的危害性极大,不可食用。感观鉴别米猪肉的主要手段是:注意其瘦肉(肌肉)切开后的横断面,看是否有囊虫包存在。猪的腰肌是囊虫包寄生最多的地方,囊虫包呈石榴粒状,多寄生于肌

纤维中。用刀子在肌肉上切割,一般厚度间隔为一厘米,连切四五刀后,在切面上仔细观察,如发现肌肉中附有石榴籽(或米粒)一般大小的水泡状物,即为囊虫包,从而可断定这种肉就是米猪肉。囊虫包为白色、半透明状。

6. 动物的哪些部位不能吃

(1)畜"三腺" 猪、牛、羊等动物体上的甲状腺、肾上腺、病变淋巴腺是三种"生理性有害器官"。

(2)羊"悬筋" 又称"蹄白珠",一般为圆珠形、串粒状,是羊蹄内发生病变的一种组织。

(3)禽"尖翅" 鸡、鸭、鹅等禽类屁股上端长尾羽的部位,学

版权所有 侵权必究

名"腔上囊",是淋巴腺体集中的地方,因淋巴腺中的巨噬细胞可吞食病菌和病毒,即使是致癌物质也能吞食,但不能分解,故禽"尖翅"是个藏污纳垢的"仓库"。

(4)鱼"黑衣" 鱼体腹腔两侧有一层黑色膜衣,是最腥臭、泥土味最浓的部位,含有大量的类脂质、溶菌酶等物质。

7.腊肠卫生质量的鉴别

(1)感观鉴别

优质香肠(香肚)——肠衣(或肚皮)干燥而完整,并紧贴肉馅,表面有光泽。

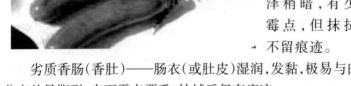

次质香肠(香肚)——肠衣(或肚皮)稍有湿润或发黏,易与肉馅分离,表面色泽稍暗,有少量霉点,但抹拭后不留痕迹。

劣质香肠(香肚)——肠衣(或肚皮)湿润,发黏,极易与肉馅分离并易撕裂,表面霉点严重,抹拭后仍有痕迹。

(2)色泽鉴别

优质香肠(香肚)——切面有光泽,肉馅呈红色或玫瑰色,脂肪呈白色或微带红色。

次质香肠(香肚)——部分肉馅有光泽,深层呈咖啡色,脂肪呈淡黄色。

劣质香肠(香肚)——肉馅无光泽,肌肉碎块的颜色灰暗,脂肪呈黄色或黄绿色。

(3)组织鉴别

优质香肠(香肚)——切面平整坚实,肉质紧密而富有弹性。

次质香肠(香肚)——组织稍软,切面平齐但有裂隙,外围部

中小学生卫生防疫知识手册

版权所有 侵权必究

分有软化现象。

劣质香肠(香肚)——组织松软,切面不齐,裂隙明显,中心部分有软化现象。

(4)气味鉴别

优质香肠(香肚)——具有香肠(香肚)特有的风味。

次质香肠(香肚)——风味略减,脂肪有轻度酸败味或肉馅带有酸味。

劣质香肠(香肚)——有明显的脂肪酸败气味或其他异味。

8.咸鱼、咸肉不变质吗

盐腌是利用食盐保藏食品,特别是保藏肉类食品的一种方法,如腌咸鱼、咸肉等。腌制出来的食物,不仅能防腐,保存时间长,而且腌制品还具有一定的特殊风味。

在一般情况下,食盐浓度在10%以上时,多数细菌能受到抑制,不能繁殖;食盐浓度在15%以上时,食物可较长时间保存不坏。保存腌制食品,可在上面撒些丁香、花椒、生姜等,防止变味。

有些对盐的耐受力强的霉菌和嗜盐菌,在浓度、温度适合的条件下,仍可生长繁殖,特别当腌制食物受潮后,水分增多,细菌容易生长繁殖,从而使腌制品腐败变质。所以腌制品要放在阴凉、干燥、通风的地方保存。另外,由于腌制品保存时间过长,在肉内部容易形成厌氧条件,有利于肉毒杆菌的生长繁殖,引起食物中毒。所以说咸鱼、咸肉并不是永不变质的。

二、水产类食品卫生安全知识

1.被甲醛浸泡的水产品鉴别

新鲜正常的水产品均带有海腥味,但经甲醛浸泡过的水产品,看起来特别亮、特别丰满,有的颜色会出现过白、手感较韧、口感较硬,如甲醛量过大,会有轻微的福尔马林味。

2.被农药污染的鱼类鉴别

养在池塘里的鱼最容易受到农药的污染。由于鱼塘大多建在离村庄、农田较近的低洼之处,因而很容易受到农田中使用的

版权所有 侵权必究

农药和村庄、农田灭鼠用的鼠药的污染。这些残留农药被雨水冲入塘中长期以低微的浓度存在,使生活在其中的鱼类逐渐适应了这种水质环境,并具备了一定的抗药能力。但农药在鱼体内不断富集后,被人食用就会造成食用者中毒。

人们在选购时,通过外观基本可以识别被农药污染的鱼。被农药污染的鱼类大多有畸形变异表现,如鱼头过大、鱼眼鼓出、脊柱弯曲、鱼鳞易脱、鱼皮发黄、鱼肉淤血、尾部发青等。

3. 鲜鱼质量好坏的鉴别

鲜活或刚死的鱼,用手握头时,鱼体不下弯,口紧闭,鱼体具有鲜鱼固有的鲜明的本色和光泽,体表黏液清洁、透明;鱼鳞发光,紧贴鱼体,轮层明显、完整而无脱落;眼睛澄清、明亮、饱满,眼球黑白界限分明;鳃盖紧闭,鱼鳃清洁,鳃丝鲜红清晰,无黏液和污垢或臭味,肌肉紧实而有弹性,用手指压凹陷处能立即复原。鲜鱼还有一种特有的鲜腥味。陈腐的鱼,体色暗淡无光,鳞片松,易脱落,不完整,轮层不明显;鳃盖松弛,鱼鳃黏液增多,颜色呈灰色或灰紫色,有显著腥臭味;眼球凹陷,上面覆有一层灰色物质,甚至瞎眼;肌肉松软,无弹性,肚腹膨胀,骨肉分离,并有明显的腐臭味。

4. 水产品干货质量好坏的鉴别

(1)看包装:正规的产品都有生产厂家的厂名厂址、联系电话、生产日期、保质日期以及产品说明等方面的内容,而且在包装袋内还有产品合格证。

(2)看颜色:一般来说颜色比较

中小学生卫生防疫知识手册

纯正、有光泽、无虫蛀,同时看上去没有其他杂质混杂在其中,干而轻的就是比较好的干货产品。干货颗粒整齐、均匀、完整,可以较直接反映质量好坏。

(3)闻味道:一定要注意,如果散装干货闻起来有异味,质量也就有问题了。

三、果蔬及其他类食品卫生安全知识

1. 小米被姜黄粉染色的鉴别

有些个体商贩为了掩盖陈小米或小米轻度发霉现象,采用先将小米漂洗后,加入姜黄粉及黄色色素的方法,对小米进行伪装。

陈小米色暗,无新鲜感。有些商贩就对陈小米用姜黄染色将其再加工,即可使色暗的陈小米变得颜色鲜黄诱人,如同当年的新小米。

用姜黄染色的小米,淘米水发黄,小米由黄转灰并有点发白,煮成的小米粥米烂如泥,汤清似水,失去了小米原有的香味、风味和营养成分,食用价值不大。

对于用姜黄粉染色的小米,还可以用手拈几粒小米,沾点水在手心里搓一搓,凡用姜黄粉染过色的小米,颜色会由黄变灰暗,手心残留有黄色。

2. 玉米面被掺入色素柠檬黄的鉴别

色素柠檬黄是一种合成色素,呈橙黄色均匀粉末,对热、光、酸、碱及盐均稳定,在食品加工中最大使用量为每千克0.1克。食

版权所有 侵权必究

中小学生卫生

防疫知识手册

用色素柠檬黄残留量超过国家标准的玉米面,会危害食用者的身体健康。

3. 豆芽被化肥水浸泡的鉴别

(1) 豆芽秆:自然培育的豆芽秆挺直稍细,芽脚不软,有光泽。化肥浸泡过的豆芽秆粗壮发达,色泽灰白。如果将豆芽折断,断面会有水分冒出,有的还残留化肥的气味。

(2) 豆芽根:自然培育的豆芽根须发育良好,而用化肥泡过的豆芽根短、少根或无根。

4. 干枣被硫磺熏制过的鉴别

(1) 看外表:硫磺熏制的红枣表皮,可以看到一层光泽,如同上了蜡一样。硫磺熏制的红枣"红"且"鲜",颜色较一致。没有熏制的红枣呈暗红色,颜色有深有浅。

(2) 看里层:购买时可先咬开几粒尝一尝或闻一闻,硫磺熏制的红枣肉体偏白,味道有点发酸且有刺鼻的气味。因此,买红枣等干货时不能太注重外表的颜色。

5. 如何清洗果蔬上残留的农药

(1) 用清水洗干净后浸泡:特别是叶类蔬菜,一定要先清洗后浸泡,否则等于将果蔬浸泡在稀释了的农药水里。必须等所有清洗工作做完了再切菜,否则残留农药就会顺着切面渗透到蔬菜里。

(2) 先清洗后碱水浸泡:先将表面污物彻底冲洗干净,浸泡在碱水中5~15分钟,然后用清水清洗3~5遍。

(3) 去皮法:外表不平或多细毛的蔬果,较易沾染农药,因此食用前,可去皮者,一定要去皮。

(4)**加热法**:氨基甲酸酯类杀虫剂随着温度升高,分解会加快。如青椒、菜花、豆角、芹菜等,在下锅炒或烧前最好先用开水烫一下。

(5)**阳光晒**:经日光照射晒干后的蔬菜,农药残留较少。

(6)**储存法**:对于方便贮藏的蔬菜,最好先放置一段时间,空气中的氧与蔬菜中的色酶对残留农药有一定的分解作用。

6. 哪些果蔬不能带皮吃

有许多人认为果蔬皮中有大量的营养物质,因此任何水果蔬菜食用时都将皮吃掉,但是有一些水果、蔬菜带皮服用时容易引起疾病或中毒,因此应避免食用这些水果、蔬菜皮。

(1)**土豆皮中含有配糖生物碱,其在体内积累到一定数量后就会引起中毒。**由于其引起的中毒属于慢性中毒,症状不明显,因而往往被忽视。

(2)**柿子皮中含有鞣酸。**鞣酸进入人体后在胃酸的作用下,会与食物中的蛋白质起化合作用生成沉淀物——柿石,从而引起多种疾病。

(3)**红薯皮含碱多,食用过多会引起胃肠不适。**呈褐色和黑褐色斑点的红薯皮是受了黑斑病菌的感染,能够产生番薯酮和番薯酮醇,进入人体将损害肝脏,并引起中毒。中毒轻者,出现恶心、呕吐、腹泻,重者可导致高烧、头痛、气喘、抽搐、吐血、昏迷,甚至死亡。

版权所有 侵权必究

（4）荸荠皮能聚集有害的生物排泄物和化学物质。另外，荸荠皮中还含有寄生虫，如果吃下未洗净的荸荠皮，会导致疾病。

（5）银杏果皮中含有有毒物质白果酸、氢化白果酸、氢化白果亚酸和白果醇等，进入人体后会损害中枢神经系统，引起中毒。另外，熟的银杏肉也不宜多食。

7. 苹果最好带皮吃

在食用或加工苹果时，果皮经常被弃掉，但是研究表明，苹果

皮中含有丰富的抗氧化成分及生物活性物质，吃苹果皮对健康有益。

苹果皮中含有很多生物活性物质，例如，酚类物质、黄酮类物质以及二十八烷醇等，这些活性物质可以抑制生成引起血压升高的血管紧张素转化酶，有助于预防慢性疾病，如心血管疾病、冠心病，降低其发病率。此外苹果皮的摄入可以降低肺癌的发病率。国外研究表明，苹果皮较果肉具有更强的抗氧化性，苹果皮的抗氧化作用较其他水果、蔬菜都高。普通大小苹果的果皮抗氧化能力相当于800毫克维生素C的抗氧化能力。苹果皮中的二十八烷醇还具有抗疲劳和增强体力的功效。苹果皮可以抑制齿垢的酶活性及口腔内细菌的生长，具有抗蚀作用，可以保护牙齿，还可以使皮肤白嫩，防止黑色素的生成，有美容功效。

所以建议在食用苹果时，最好清洗干净后连皮一起吃。

8. 牛奶中有哪些微生物

牛奶中的微生物主要来自奶牛体内以及挤奶、储存、运输等

中小学生卫生防疫知识手册

过程中的污染。生牛奶中的微生物包括细菌、真菌和酵母菌,其中以细菌的数量最多。生牛奶中的细菌总数大都在几万到几百万之间,污染严重的可超过一千万。从奶牛乳房挤出的奶并非是无菌的,在健康奶牛的乳房内也总有一些细菌存在,但仅限于极少数的几种细菌,如小球菌、链球菌等,细菌的数量不多,大约在每毫升几百个。如奶牛发生乳房炎,则在奶中会检出大量的金黄色葡萄球菌、链球菌和化脓杆菌等

致病菌。所以在健康牛的奶中,大多数微生物来自于牛的体表皮肤和外环境,以及奶离开奶牛后细菌的快速繁殖。牛奶的细菌总数很大程度上决定于环境卫生、挤奶机、牛奶储存和运输设备的清洁程度和牛奶的冷藏温度。把牛奶温度降至4℃左右所用时间越短,牛奶中的微生物总数就越低。

9. 什么叫巴氏杀菌奶和超高温灭菌奶

巴氏杀菌奶,是以新鲜牛奶为原料,经过离心净乳,在低于牛奶沸点的温度对牛奶进行加热杀菌,一般以塑料

中小学生卫生 防疫知识手册

版权所有 侵权必究

袋、玻璃瓶或新鲜盒包装。巴氏杀菌奶需要冷藏保存,保质期在1~7天。

超高温灭菌是通过瞬间(一般3~4秒)升高灭菌温度(135~140℃)来达到理想的灭菌效果。这种灭菌方式能杀死牛奶中绝大部分细菌,同时避免了对牛奶营养成分造成破坏。一般以利乐包包装。超高温灭菌奶可以常温保存,保质期可以达到6个月,特别便于运输和储存。

10.贪吃荔枝易患低血糖

荔枝不仅味美,而且营养十分丰富,含有大量的果糖、维生素、

蛋白质、柠檬酸等,对人体有补益作用。然而中医认为荔枝是湿热之品,民间也有"一颗荔枝三把火"之说。所以尽管荔枝美味可口,也不能多吃,否则很可能会患上"荔枝病"。

"荔枝病"的实质是一种低血糖症。荔枝中含大量的果糖,果糖经胃肠道黏膜的毛细血管很快吸收入血后,必须由肝脏内的转化酶,将果糖转化为葡萄糖,才能直接为人体所利用。如果过量食入荔枝,那么就有过多的果糖进入人体血液,"改造"果糖的转化酶就会供不应求。在这种情况下,大量的果糖充斥在血管内却不能转化为可被人体利用的葡萄糖。与此同时,进食荔枝过量会影响食欲,使人体得不到必需的营养补充,致使人体血液内的葡萄糖不足,就会导致荔枝病。

一旦患上"荔枝病",应该积极送医治疗。

版权所有 侵权必究

中小学生卫生防疫知识手册

第五篇 学校常见传染病及其控制措施

中小学生卫生防疫知识手册

一、"传染病"的定义

传染病是由病原体(细菌、病毒等)引起的,能在人与人、动物与动物或人与动物之间相互传染的疾病。它是许多种疾病的总称,如麻疹、猩红热、痢疾、伤寒、流行性脑脊髓膜炎、流行性乙型脑炎等都属于传染病。

二、传染病的分类

传染病防治法规定的传染病分为甲类、乙类和丙类。

1. 甲类传染病是指:鼠疫、霍乱。

2. 乙类传染病是指:传染性非典型肺炎、艾滋病、病毒性肝炎、脊髓灰质炎、人感染高致病性禽流感、麻疹、流行性出血热、狂犬病、流行性乙型脑炎、登革热、炭疽、细菌性和阿米巴性痢疾、肺结核、伤寒和副伤寒、流行性脑脊髓膜炎、百日咳、白喉、新生儿破伤风、猩红热、布鲁氏菌病、淋病、梅毒、钩端螺旋体病、血吸虫病、疟疾。

3. 丙类传染病是指:流行性感冒、流行性腮腺炎、风疹、急性出血性结膜炎、麻风病、流行性和地方性斑疹伤寒、黑热病、包虫病、丝虫病,除霍乱、细菌性和阿米巴性痢疾、伤寒和副伤寒以外的感染性腹泻病。

版权所有 侵权必究

上述规定以外的其他传染病,根据其暴发、流行情况和危害程度,需要列入乙类、丙类传染病的,由国务院卫生行政部门决定并予以公布。

三、传染病的特点

1. 有病原体　每一种传染病都有它特异的病原体,包括微

生物和寄生虫。比如水痘的病原体是水痘病毒,猩红热的病原体是溶血性链球菌。病原体主要分为细菌、病原(比细菌小、无细胞结构)、真菌(癣的病原体)、原虫(疟原虫)和蠕虫(蠕虫病的病原体)。

2. 有传染性　传染病的病原体可以从一个人经过一定的途径传染给另一个人。每种传染病都有比较固定的传染期,排出病原体,污染环境,传染他人。

3. 有免疫性　大多数患者在疾病痊愈后,都可产生不同程度的免疫力。机体感染病原体后可以产生特异性免疫。感染后的免疫属于自动免疫。

4. 有流行病学特征　传染病能在人群中流行,其流行过程受自然因素和社会因素的影响,并表现出多方面的流行性。

四、传染病流行的基本环节

传染病能够在人群中流行,必须同时具备传染源、传播途径和易感人群这三个基本环节,缺少其中任何一个环节,传染病都流行不起来。

1. 传染源　传染源是指能够散播病原体的人或动物。病原体在传染源的呼吸道、消化道、血液或其他组织中生存、繁殖,并且能够通过传染源的排泄物、分泌物或生物媒介(如蚊、蝇、虱等)直接或间接地传播给健康人。

版权所有　侵权必究

当病原体进入机体后,在体内繁殖,则这一被感染的人和动物就是传染源。传染源有三类:(1)病人;(2)病原携带者;(3)动物传染源。

2. 传播途径　病原体由传染源传播给他人所经过的路线叫做传播途径。传播途径很多,病原体传播的主要途径有飞沫传播、空气传播、水传播、饮食传播、虫媒传播、血和血制品传播、接触传播、生物媒介传播等。

3. 易感人群(疾病易感者)　易感人群是指对某种传染病缺乏免疫力而容易感染该病的人群。例如,未出过麻疹的儿童,就是麻疹的易感人群。

总之,传染源是病原体生存繁殖的客体,它能向外界环境排出病原体;而病原体必须通过一定的传播途径才能进入人体;只有易感染的机体才能发病。这三个条件,在传染病发生的过程中缺一不可。因此,要预防控制传染病的发生,就必须控制传染源、切断传播途径和增强人体的抵抗力。

五、常在学校发生并流行的传染病

1. 呼吸道传染病　流行性脑脊髓膜炎(流脑)、流行性感冒(流感)、风疹、水痘、流行性腮腺炎、猩红热等。

2. 消化道传染病　甲型肝炎(甲肝)、细菌性痢疾、感染性腹泻、霍乱等。

3. 其　他　疥疮、乙型脑炎(乙脑)等。

六、学校传染病的流行特点

1. 学校是人群高密度集中的地方

一个班50人左右,集中在60平方米左右的教室里,整天在一起生活学习,相互之间密切接触,如果卫生设施不好,卫生制度不健全,卫生习惯不好,就具备传染病在学校里发生与流行的条件,使中小学生成为传染病高发的人群。

2. 学校是传染病的集散场所

学校是社会的一个单位。年龄构成从儿童、少年到青年。学

版权所有　侵权必究

生每天从四面八方,一家一户汇集到学校里来,又从学校分散到千家万户里去,如果学生被感染,则意味着传染源从社会的每个角落进入学校,又从每个学校分散到每个家庭和社会上各个角落,所以说学校是传染病的集散场所。

3.学校极易造成传染病的暴发和流行

传染源、传播途径和易感人群是传染病流行的基本条件,缺一不可。而流行的强度大小则取决于传染源的多少、易感者的密度、传播途径实现概率的大小和病原微生物致病力的强弱。学校易感者密度高,传染源又容易进入学校,传染机制极易实现。所以学校极易造成传染病的暴发和流行。

4.学校传染病的季节性变化

学校传染病的流行与社会上传染病流行一样,具有明显的季节性变化。冬、春季呼吸道传染病多发;夏、秋季则以肠道传染病为主。除此以外,学校传染病的发生还与学校寒暑假及开学有密切关系。

5.学校传染病的年龄特点

学校里的在校学生,其年龄可以从6~7岁到20岁左右。学校传染病的发生与流行,可因年龄不同而有所不同。小学的传染病由于小学生基础免疫水平低,从而易发生呼吸道传染病

流行。中学的学生,正处于青春期,呼吸道和肠道传染病均可以暴发、流行。

版权所有　侵权必究

七、学校传染病的预防和控制

1. 经常性的预防措施

(1)改善学校的卫生条件

学校卫生条件的好坏,直接影响到传染病的发生和流行。只有不断地改善学校各种卫生条件,增加必要的卫生设施,才能切断传染病的传播途径,防止传染病在学校的发生和流行。

(2)制定和执行合理的卫生制度

学校要针对不同年龄的学生在进行课堂听课、课外自习、体育锻炼、业余活动的特点,制定出合理的卫生制度,这些制度包括课堂、教室、宿舍、公共场所卫生清扫制度,个人清洁卫生制度,食堂卫生制度等。卫生防疫制度的制定和认真的执行,是学校防止传染病的重要保证。

(3)加强健康教育,培养良好的卫生习惯

学校要加强健康教育,普及卫生知识,提高自我保健能力,从小培养学生良好的卫生习惯,鼓励学生积极地参加体育锻炼,增强体质,增加对疾病的抵抗能力。

(4)提高学生的免疫水平

根据传染病的流行季节和学生的实际免疫水平,认真搞好预防接种工作,以形成完整的免疫屏障。

2. 防疫性的控制措施

(1)控制传染源

不少传染病在开始发病以前就已经具有了传染性,当发病初期表现出传染病症状的时候,传染性最强。因此,对传染病人要尽可能做到早发现、早诊断、早报告、早治疗、早隔离,防止传染病蔓延。患传染病的动物也是传染源,也要及时地处理,这是预防传染病的一项重要措施。

(2)切断传播途径

切断传播途径的方法,主要是讲究个人卫生和环境卫生。消灭传播疾病的媒介生物,进行一些必要的消毒工作等,可以使病

中小学生卫生 防疫知识手册

62

版权所有 侵权必究

原体丧失感染健康人的机会。

（3）保护易感者

在传染病流行期间应该注意保护易感者，不要让易感者与传染源接触，并且进行预防接种，提高易感人群的抵抗力。对易感者本人来说，应积极参加体育运动，锻炼身体，增强抗病能力。

（4）开展爱国卫生运动

搞好个人和环境卫生，消灭苍蝇、蚊子、老鼠、臭虫等传播疾病或患病的动物，对于控制传染病的流行能起到很大作用。

八、学校发生传染病流行的应急处置原则

1. 报告与核实

（1）当在同一班级或同一宿舍，1天内有3例或者连续3天有学生（5例以上）患病，并有相似症状（如发热、皮疹、腹泻、呕吐等）或有共同用餐、饮水史时；

（2）当学校发现有传染病或疑似传染病患者时；

（3）当个别学生出现不明原因的高热、呼吸急促或剧烈呕吐、腹泻时；

（4）当学校发生群体性不明原因疾病或者其他突发公共卫生事件时。

学校疫情报告人首先要核实情况是否存在，如属实，应当在24小时内以最快的通信方式（电话、传真等）向传染病疾控机构（农村学校向乡镇卫生院防保组）报告相关信息，并请求派专家核实疫情，同时，向属地教育行政部门报告（可先非正式报告，待疫情查实后再正式报告）。

2. 对患者进行隔离和治疗

3. 配合卫生部门处理疫情，落实疾控机构要求采取的各项控制措施

九、几种常见传染病的临床特征及应急措施

1.流行性感冒

是指由流行性感冒病毒侵犯上呼吸道而引起的传染病,简称"流感"。

临床表现

起病急,主要表现为高热、头痛、身痛及显著性乏力等症状,呼吸道症状较轻,有咽干、咽痛、干咳现象,仅部分病人有轻度喷嚏、流涕及鼻塞。

应急处理措施

(1)应进行隔离,住单人房间,进出人员需戴口罩。

(2)卧床休息,给予高热量、多维生素流质或半流质饮食,多饮水。

(3)及时到医院诊治,并在医师指导下用药治疗。

2.禽流感

禽流感是禽流行性感冒的简称,它是一种由甲型流感病毒的一种亚型(也称"禽流感病毒")引起的传染性疾病,被国际兽疫局定为甲类传染病,又称"真性鸡瘟"或"欧洲鸡瘟"。按病原体类型

● 科学认识禽流感

禽流感主要在禽类身上发生,在禽类之间传播

禽流感主要以接触病死禽及排泄物传染

不轻信、不传谣

我国具备控制禽流感的经验和能力,不必恐慌

经高温消毒加工处理的羽绒产品不会传播禽流感

版权所有 侵权必究

中小学生卫生

防疫知识手册

的不同,禽流感可分为高致病性、低致病性和非致病性禽流感三大类。

临床表现

一是急性起病。早期表现类似普通流感,主要表现为发热、流涕、鼻塞、咳嗽、咽痛、头痛、全身不适。有些患者可见眼结膜炎。二是体温大多持续在 39℃ 以上,热程 1~7 天,一般为 2~3 天。三是部分患者可有恶心、腹痛、腹泻、稀水样便等消化道症状。四是半数患者有肺部实变体征。五是半数患者胸部 X 线摄像显示单侧或双侧肺炎,少数患者伴有胸腔积液。

预防措施

● 积极预防禽流感

做好个人防护

家养鸟要免疫,不放养　不与野生鸟类直接接触　不近距离与观赏鸟类接触　与禽类接触后,要洗手、消毒

(1)加强禽类疾病的监测,一旦发现禽流感疫情,动物防疫部门应立即按有关规定进行处理。养殖和处理的所有相关人员应做好防护工作。

(2)加强对密切接触禽类人员的监测。当这些人员中出现流感样症状时,应立即进行流行病学检查,采集病人标本并送至指定实验室检测,以进一步明确病原,同时应采取相应的防治措施。

(3)接触人禽流感患者应戴口罩、戴手套、穿隔离衣,接触后应洗手。

(4)要加强检测标本和实验室禽流感病毒毒株的管理,严格执行操作规范,防止医院感染和实验室的感染及传播。

版权所有　侵权必究

中小学生卫生　防疫知识手册

（5）注意饮食卫生，不喝生水，不吃未熟的肉类及蛋类等食品，勤洗手，养成良好的个人卫生习惯。

（6）药物预防：对密切接触者必要时可试用抗流感病毒药物或按中医药辨证施防。

（7）不去疫区旅游。

（8）重视高温杀毒。

治疗措施略，具体由县级以上人民医院决定。

3.传染性非典型肺炎

传染性非典型肺炎（以下简称"非典型肺炎"，Atypical pneumonia，ATP）是指从 2002 年 11 月起，我国局部地区发生的、至今原因不明的，主要以近距离空气飞沫和密切接触

传播为主的呼吸道传染病，临床主要表现为肺炎，在家庭和医院有显著的聚集现象。

该类非典型肺炎与已知的由肺炎支原体、肺炎衣原体、军团菌及常见的呼吸道病毒所致的非典型肺炎不同，其传染性强、病情较重、进展快、危害大。

临床表现

非典型肺炎病人潜伏期一般在 1~12 天，大多数在 4~5 天内发病。病人通常以发热（体温38℃以上）为首发症状，多为高热，并可持续 1~2 周以上，可伴有寒战或其他症状，包括头痛、全身酸痛和不适、乏力，部分病人在早期也会有轻度的呼吸道症状（如咳

版权所有　侵权必究

中小学生卫生防疫知识手册

嗽、咽痛等）。发病2~7天后,病人会有干咳、少痰、呼吸困难症状,少数进展为急性呼吸窘迫综合症,约10%的病人需要机械性通气。血液化验时白细胞大多正常或降低,胸部X线片显示出不同程度的肺炎改变。

非典型肺炎与流感具有一些相似的临床表现,如发热、全身酸痛、乏力、咳嗽、咽痛等。而流感通常数日后好转,较少出现肺炎。

传播途径

非典型肺炎最初的传染来源或病因尚未完全明确。目前认为传染源有以下几种:

（1）非典型肺炎患者。

（2）病原携带者（隐性感染者,也就是已经感染了病原体但尚未发病者）。

（3）其他传染源。流行病学调查初步显示:广东省部分城市的首发病例（多为厨师或市场采购人员）以及少数聚集性病例中的首例病例和一定数量的散发病例并没有同类病例密切接触史,由此推测本病可能存在其他传染来源。

大量流行病学调查结果显示,该病的传播途径可能是通过近距离空气飞沫传播,以及接触病人呼吸道分泌物和密切接触造成的传播。传播模式为:

（1）直接吸入含有病原体的空气飞沫和尘埃造成传播。

（2）通过手接触呼吸道分泌物所污染的物品、用具等,经口鼻传播。

（3）密切接触传播:指治疗、护理、探视病员,与病员共同生活,直接接触病员的呼吸道分泌物或体液。

中小学生卫生

防疫知识手册

版权所有　侵权必究

67

中小学生卫生防疫知识手册

医院内传播与病房环境、治疗经过、患者病情、暴露时间、医护或探访人员个人防护等因素关系密切。病房环境通风不良、患者病情危重、经过吸痰或气管插管抢救,医护或探访人员个人防护不当会使传染危险性增加。

预防措施

个人预防措施包括:

(1)避免长时间在人群密集的公共场所逗留,保持良好的卫生习惯,尤其是老人、儿童和体质虚弱者,必要时戴口罩外出。外出回家必须洗手。

(2)保持居住和工作环境空气清洁,室内经常通风换气(每天3次以上),对室内空气、地面、墙壁和门窗要进行预防性消毒。

(3)避免探视发热、咳嗽、胸闷等有严重呼吸道感染症状的患者,以防个人被传染并扩大传染范围,从而加大预防控制的强度。

(4)如果本人、家人出现发热、头晕、口干、流汗、关节疼痛、高烧不退等症状,应戴上口罩立即去医院诊治,听从医生指导,并采取消毒措施。

(5)对密切接触过非典型肺炎患者的人员,要进行严格隔离,并医学观察2周,防止再传染给其他人。对患者居住的房间,要进行通风和空气消毒;对患者使用过的物品要进行严格消毒处理。

具体治疗措施略,由县级以上人民医院决定。

4.甲型H1N1流感

甲型H1N1流感又称为"A(H1N1)型流感"、"人感染猪流感"。2009年4月30日世界卫生组织、联合国粮农组织和世界动物卫生组织宣布,一致同意使用A(H1N1)型流感指代

版权所有　侵权必究

当时疫情,并不再使用"猪流感"一词。中国卫生部门则相继将原人感染猪流感改称为甲型H1N1流感。中国卫生部2009年4月30日发布2009年第8号公告,明确将甲型H1N1流感(原称人感染猪流感)纳入传染病防治法规定管理的乙类传染病,并采取甲类传染病的预防、控制措施。

临床表现

潜伏期较普通人流感、禽流感长,具体时间暂不确定。

甲型H1N1流感的早期症状与普通人流感相似,包括发热、咳嗽、喉痛、身体疼痛、头痛、发冷和疲劳等,有些还会出现腹泻或呕吐、肌肉痛或疲倦、眼睛发红等。

部分患者病情可迅速发展,来势凶猛,突然高热,体温超过39℃,甚至继发严重肺炎、急性呼吸窘迫综合征、肺出血、胸腔积液、全血细胞减少、肾功能衰竭、败血症、休克及Reye综合症、呼吸衰竭及多器官损伤,导致死亡。患者原有的基础疾病亦可加重。

传播途径

主要为呼吸道传播,也可通过接触感染的猪或其粪便、周围污染的环境等途径传播。

甲型H1N1流感病毒可通过气溶胶、空气飞沫、接触等传染。

预防措施

(1)尽量少到人群密集的公共场所。

(2)保证饮食以及充足睡眠,勤于锻炼,勤洗手,室内保持通风,养成良好的个人卫生习惯。

(3)在烹饪或洗涤生猪肉、家禽(特别是水禽)时应特别注意。特别是在皮肤破损的情况下,建议尽量减少接触机会,猪肉

中小学生卫生防疫知识手册

● 保持良好的个人卫生习惯, 打喷嚏、咳嗽和清洁鼻子后要洗手。

● 经常打开所有窗户, 使空气流通。

● 怀疑感染甲型H1N1流感应尽早到医院就诊, X光检验有助于诊断。

版权所有　侵权必究

要用71℃高温消毒后再食用。

(4)可以考虑戴口罩,降低风媒传播的可能性。

(5)做饭时可自己调配点小药膳,或饮用提高免疫力的茶饮或汤剂。如,儿童需清滞养元,泡点藿香、苏叶、银花、生山楂等,成人需和中,泡点桑叶、菊花、芦根等。

(6)特别注意类似临床表现,并引起重视。特别是突发高热、结膜潮红、咳嗽、流脓涕等症状。

具体治疗措施略,由县级以上人民医院决定。

5.手足口病

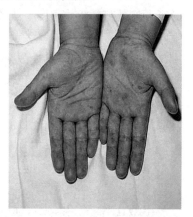

手足口病是由肠道病毒引起的一种常见传染病,主要感染对象是5岁以下的婴幼儿。一年四季均可见到,以夏、秋季较多。其可以通过玩具、食具、鼻咽分泌物、飞沫等多种途径传染,以出疹、发热为特征,潜伏期是3~8日。

临床表现

急性起病,发热;口腔黏膜出现散状疱疹,米粒大小,疼痛明显;手掌或脚掌部出现米粒大小疱疹,臀部或膝盖偶可受累。疱疹周围有炎性红晕,疱内液体较少。部分患儿可伴有咳嗽、流涕、食欲不振、恶心、呕吐、头疼等状。医生通常能根据病人的年龄、病人或家长诉说的症状,及检查皮疹和溃疡来鉴别手足口病和其他原因所致的口腔溃疡。

疹子"四不像":不像蚊虫咬、不像药物疹、不像口唇牙龈疱疹、不像水痘。口腔内的疱疹破溃后即出现溃疡,常常流口水,不能吃东西。

临床上不痒、不痛、不结痂、不结疤。患儿尿黄。严重患儿可伴发热、流涕、咳嗽等症状。

版权所有 侵权必究

中小学生卫生防疫知识手册

预防措施

手足口病 预防有道

4～5月病例增多明显 5～7月发病形成高峰

个人预防措施：

（1）饭前便后、外出后要用肥皂或洗手液等给儿童洗手，不要让儿童喝生水、吃生冷食物，避免接触患病儿童。

（2）看护人接触儿童前、替幼童更换尿布后、处理粪便后均要洗手，并妥善处理污物。

（3）婴幼儿使用的奶瓶、奶嘴使用前后应充分清洗。

（4）本病流行期间不宜带儿童到人群聚集、空气流通差的公共场所，注意保持家庭环境卫生，居室要经常通风，勤晒衣被。

 注意个人卫生，勤洗手，保持口腔清洁

 多饮白开水或清凉饮料，多吃新鲜蔬菜和瓜果

 注意居室内空气流通，温度适宜

 经常彻底清洗儿童的玩具或其他用品

 少让孩子到人群拥挤的公共场所，减少被感染机会

 注意婴幼儿的营养、休息，防止过度疲劳而降低免疫力

（5）儿童出现相关症状要及时到医疗机构就诊。居家治疗的儿童，不要接触其他儿童，父母要及时对患儿的衣物进行晾晒或消毒，对患儿粪便要及时进行消毒处理；轻症患儿不必住院，宜居家治疗、休息，以减少交叉感染。

托幼机构及小学等集体单位的预防控制措施：

（1）本病流行季节，教室和宿舍等场所要保持良好通风。

（2）每日对玩具、个人卫生用具、餐具等物品进行清洗消毒。

（3）进行清扫或消毒工作（尤其清扫厕所）时，工作人员应戴手套。清洗工作结束后应立即洗手。

（4）每日对门把手、楼梯扶手、桌面等物体表面进行擦拭消毒。

（5）教育指导儿童养成正确洗手的习惯。

（6）每日进行晨检，发现可疑患儿时，要对患儿采取及时送诊

中小学生卫生防疫知识手册

版权所有　侵权必究

或居家休息的措施;对患儿所用的物品要立即进行消毒处理。

(7) 患儿增多时,要及时向卫生和教育部门报告。根据疫情控制需要当地教育和卫生部门可决定采取托幼机构或小学放假措施。

具体治疗措施略,由县级以上人民医院决定。

6.急性细菌性痢疾

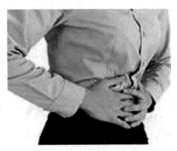

急性细菌性痢疾,简称"菌痢",是由痢疾杆菌引起的一种急性肠道传染性疾病。一年四季均有散在性发病,夏、秋季节常见流行,普通易感,以小儿为多。

临床表现

根据症状轻重及病情急缓分为以下五型:

(1)**轻型**　无中毒症状,体温正常或稍高,腹痛、腹泻较轻,大便次数为每日10次以下,呈糊状或水样,含少量黏液;里急后重感不明显,伴有恶心呕吐。

(2)**普通型(中型)**　起病较急,有畏寒、发热中毒症状,体温在39℃左右,伴有恶心、呕吐、腹痛、腹泻、里急后重,大便次数为10~20次/日,脓血便量少,少数病人以水样腹泻为特点,失水不明显。

(3)**重型**　起病急骤,畏寒、高热、恶心、呕吐、腹痛剧烈、黏液血便且次数频繁,每日20次以上,里急后重、四肢厥冷、意识模糊。

(4)**中毒型**　起病急,突发高热,24小时之内迅速出现休克、惊厥和意识障碍。大便次数不多,常发生于儿童身上,病情凶险,死亡率极高。

(5)**慢性菌痢**　多由于急性菌痢未彻底治疗或自行缓解而成为慢性菌痢,病程超过2个月,有食欲不振、大便不正常、时干时稀症状。一般无腹痛,仅在排便前有下腹部隐痛或肠绞痛,排便

版权所有　侵权必究

中小学生卫生　防疫知识手册

后腹痛消失。部分病人可有失眠、多梦、健忘、神经衰弱等症状。

应急处理措施

（1）应进行消化道隔离至大便培养2次阴性,病人餐具和用具均专用和严格消毒,大便要用生石灰或漂白粉消毒处理。

（2）卧床休息,流质饮食,多喝淡盐开水。

（3）到医院就诊,根据医师指导用药。

（4）对症处理:

①高热者应采取物理降温处理。

②抽搐、昏迷者应专人护理,清除口腔内异物,保持呼吸道通畅。

③休克患者应取平卧位,头稍低,注意保温并急送医院抢救。

（5）重症患者应急送医院进一步诊治。

7.急性阿米巴痢疾

阿米巴痢疾是由溶组织阿米巴原虫侵入结肠引起的肠道传染性疾病。阿米巴原虫也可侵入肝、肺、脑等器官引起阿米巴肝病、肺病和脑病。

临床表现

（1）普通型阿米巴痢疾主要表现为起病较缓,腹痛、腹泻,大便次数每天10次左右,呈暗红色,似果酱样,有腥臭味且伴有不同程度的里急后重感,发热不明显。

（2）暴发型阿米巴痢疾起病较急,突发高热、畏寒、腹痛、腹泻,大便次数每天20次左右或更多,水样或血水样,里急后重及腹部触痛明显。

应急处理措施

（1）应进行肠道隔离至症状消失且大便连续复查3次,阿米巴滋养体或包囊转阴。

（2）卧床休息,流质饮食,多喝淡盐开水或菜汤。

（3）高热者应采取物理降温处理。

（4）一般抗生素无效,故患有暴发型阿米巴痢疾时,需立即送往医院救治。

中小学生卫生防疫知识手册

8. 流行性乙型脑炎

流行性乙型脑炎简称"乙脑"，是由乙型脑炎病毒引起的中枢神经系统传染病。一般以蚊虫作媒介传染，当带病毒的蚊虫叮咬人体后，病毒进入人体

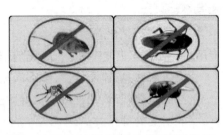

血液循环后侵入中枢神经系统，然后在神经组织中繁殖而发病，发病有明显的季节性，每年以7~9月份发病率最高。

临床表现

起病多急骤，病程第1~3天，发热常在39~40℃以上，伴有头痛、呕吐和不同程度的意识障碍；病程第4~10天，体温上升至40~41℃以上，出现惊厥、嗜睡或昏迷、脑膜刺激症，严重者出现呼吸衰竭表现；发病7~10天以后，体温开始下降，神志渐清，言语功能及神经反射逐渐恢复，少数病人可于6个月内恢复，也有半年以上不能恢复，长期遗留意识障碍、失语、强直性痉挛、强直性瘫痪等后遗症。

应急处理措施

（1）应进行隔离，防止蚊虫叮咬再传染他人。

（2）卧床休息，流质或半流质饮食，如牛奶、米汤、菜汤、豆浆及水果汁等。

（3）乙脑多属重病，应及时到医院治疗。

（4）对症处理：

①高热者应采取物理降温，尽量少用解热退烧药物，以免虚脱，鼓励患者多喝淡盐开水或汤类。

②惊厥者可口服安定5~10毫克。

③呕吐剧烈者应取平卧位，头朝向一侧以免呕吐物误入呼吸道，同时可口服胃复安10毫克加安定5~10毫克。

④昏迷或呼吸衰竭时应及时清除患者口腔内异物，保持呼吸道通畅。

⑤有呼吸停止者应立即进行人工呼吸并急送医院救治。

版权所有 侵权必究

第六篇　生活中常用的现场急救措施

一、中暑的现场急救措施

1. 搬　移　迅速将患者抬到通风、阴凉、干爽的地方，使其平卧并解开衣服，如衣服被汗水湿透应更换衣服。

2. 降　温　患者头部可捂上浸有50%的酒精、白酒、冰水或冷水的毛巾或用电扇吹风，加速散热。有条件的也可用降温毯给予降温，但不要快速降，38℃以下时，要停止一切冷敷等强降温措施。

3. 补　水　患者仍有意识时，可给一些清凉饮料。在补充水分时，千万不能急于补充大量水分，否则会引起呕吐、腹痛、恶心等症状。

4. 促　醒　病人若已失去知觉，可指掐人中、合谷等穴，使其苏醒，也可做人工呼吸。

5. 转　送　对于重症中暑病人，必须立即送医院诊治。搬运病人时，要尽可能地平稳快速，运送途中尽可能用冰袋敷于病人额头、枕后、胸口，进行物理降温，以保护大脑、心肺等重要脏器。

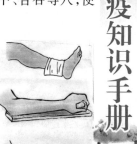

二、骨折、脱臼、扭伤的现场急救措施

如果强行用力，造成关节肿胀、剧烈疼痛，

版权所有　侵权必究

便是发生了扭伤。

如果关节错位、变形、剧烈疼痛,便是发生了脱臼。

如果无法判断是扭伤还是骨折时,均按骨折处理:

1.应该先用湿毛巾冷却患处,再固定关节,限制活动。

2.如果需要送到医院,注意尽量避免不必要的搬运。

3.如果手指关节发生扭伤或脱臼,要轻轻握拳,这样不会给手臂增加负担。手里可以握一块网球大的圆石头,手臂下面放木板固定。

4.如果是肩、肘、腕关节扭伤或脱臼需要在患处敷上冷敷带再将其吊起。红领巾、围巾也可以用。

三、创伤的现场急救措施

创伤是最常见的急症,若出现重大创伤,首先应立即打120急救电话,向急救中心呼救。现场急救,对不同的症状要及时进行现场对症处理:

1.皮肤少量出血,可用消毒纱布(如无消毒纱布,则应就地取材,选用毛巾、布带等柔韧的类纱布物)压迫止血后包扎。

2.喷射状出血,说明动脉破裂,可在出血伤口上端即近心端找到搏动的动脉血管,用手指或手掌将血管压迫在所在部位的骨头上止血。

3.四肢出血,一般可用止血带或毛巾、手绢等扎在近心端,扎1小时放松2分钟。

4.出血过多或已休克者,应先在现场输血和补液后转送病人。

5.颅脑伤急救者,应清除

版权所有 侵权必究

伤员口腔内的呕吐物和血块,头偏向一侧,牵拉出舌头,以防舌头后附和呕吐物返流到气管,造成窒息。

6.如果血液沿鼻腔和耳道流出,切勿用棉球、纱布或其它物品堵塞,以免造成血液返流,引起颅内压升高,细菌也会趁机逆行至颅内引起脑膜炎。此时,急救者应用消毒棉花或纱布轻擦流出的血液,保持局部清洁,并将病人送往具备开颅手术的医院。途中密切注意病人的神志、呼吸和脉搏。

四、车祸的现场急救措拖

万一不幸发生车祸,应立即拨通122、120或110急救电话。呼叫120,医护人员可即时前往出事地点,对伤者进行急救。掌握正确有效的急救方法,是伤者获救的关键。

现场急救方法有:

1.不要随便移动伤者,让其侧卧,头向后仰,保持呼吸畅通。

2.为失去知觉者清除口鼻中的异物、分泌物及呕吐物。

3.对出血多的伤口应进行加压包扎。

4.对骨折的肢体应就地取材固定。

5.对心跳、呼吸停止者,现场施行心肺复苏。

6.对开放性颅脑或开放性腹部伤口,可用干净物覆盖伤口,然后包扎并立即送医院。

7.对开放性胸部伤口,立即取半卧位,并对胸壁伤口进行严密封闭包扎。

8.若有木桩等物刺入体腔或肢体,不要拔出刺入物,可截断刺入物的体外部分。

9.若有胸壁浮动,应立即用衣物、棉垫等充填后适当加压包扎,以限制浮动;无法充填时,要使伤员卧向浮动壁,限制反常呼吸。

中小学生卫生防疫知识手册

🦅 五、煤气中毒的现场急救措施

关闭门窗烧锅做饭、烤火取暖等常会发生煤气中毒事故,煤气中毒实际上就是一氧化碳(CO)中毒。煤气中毒后,切不可慌张。在送医院前可采取一些自救措施:首先使中毒者充分吸氧,并注意呼吸

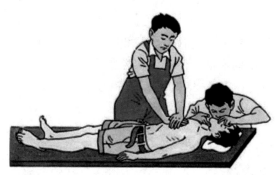

道畅通。一氧化碳中毒的基本病变就是缺氧,主要表现是大脑因缺氧而昏迷。

现场急救的方法

1.将中毒者安全地从中毒环境内抢救出来,迅速转移到清新的空气中。

2.若中毒者呼吸微弱甚至昏迷,要进行人工呼吸;只要心跳还存在就有救治可能,人工呼吸应坚持两小时以上;如果患者曾呕吐,人工呼吸前应先清除呕吐物;如果心跳停止,就进行心脏复苏。

3.赶快供氧。应维持到中毒者神志清醒为止。

4.如果中毒程度较深,可将地塞米松10毫克放在20%的葡萄糖液20毫升中缓慢静脉注射,并用冰袋放在头颅周围降温,以防止脑水肿的发生,同时转送医院,最好是有高压氧舱的医院,以便对脑水肿进行全面的有效治疗。

🦅 六、急性酒精中毒现场急救措施

饮酒过量易造成急性酒精中毒,一般早期会出现面红、脉快、情绪激动、语无伦次、恶心、呕吐、嗜睡等症,严重者可出现昏迷,甚至呼吸麻痹而死亡,还可发生高热、惊厥及脑水肿等。

版权所有　侵权必究

现场处理措施

1.禁止继续饮酒。

2.可刺激舌根部以催吐,轻者饮用咖啡或浓茶可减缓症状,较重者可用温水或2%碳酸氢钠溶液洗胃。

3.一般醉酒者经休息、饮茶即可较快恢复,中毒症状重者宜送医院诊治。

七、烧、烫伤的现场急救措施

1. **热液烫伤**　要迅速将衣服脱下。必要时用冷水或自来水浸沐伤处。肢体部位烫伤用此法效果比较好,可减轻疼痛,减轻损害。浸沐时间一般为半小时到一小时。

2. **凝固汽油烧伤**　应以湿布覆盖。

3. **强碱类烧伤**　如遇苛性碱(氢氧化钾、氢氧化钠)、石灰碱等烧伤的伤员,应:

(1)立即用大量清水冲洗干净。在用水冲洗前避免使用中和剂,以免产生中和热,伤害烧伤部位。一般在大量水冲洗后不需要中和剂。如果用中和剂(如用弱酸1%枸橼酸),要用大量清水冲洗。

(2)若为干石灰所引起的烧伤,应先将石灰粉拭干净后,再用适量清水冲洗,不可将伤部泡在水中,以免石灰遇水生热加重烧伤。

(3)在急救时,应注意眼部的彻底冲洗,然后再涂抗菌油膏。

4. **强酸类烧伤**　如遇硝酸、硫酸、盐酸、石炭酸等烧伤的伤员,应:

(1)迅速用大量水冲洗创面,然后再用5%碳酸氢钠溶液中和(石炭酸用酒精中和,因石炭酸不溶于水),中和后再用大量水彻底冲洗。

(2)特别注意眼部的冲洗,然后涂抗菌膏每天2~3次,视需要用阿托品扩大瞳孔。

中小学生卫生防疫知识手册

版权所有　侵权必究

第七篇 洪涝、地震等灾后卫生防疫知识

随着生态环境的不断恶化,台风、飓风、泥石流、海啸、洪涝、地震等严重自然灾害不断发生。灾难不幸发生后,由于大量房屋倒塌,道路、下水道堵塞,造成垃圾遍地,污水流溢,再加上畜禽尸体腐烂变臭,极易引发一些传染病并迅速蔓延。历史上就有"大灾后必有大疫"的说法。因此,学点灾后卫生防疫知识,对于我们搞好灾后卫生防疫工作非常重要。

一、灾后传染病发生和流行的主要原因

突发的自然灾害发生后,生态环境和生活条件受到极大破坏,卫生基础设施损坏严重,供水设施遭到破坏,饮用水源会受到污染,再加上人口集中,流动频繁,都是导致传染病发生和流行的潜在因素,主要体现在:

1.缺电缺水,乱饮脏水　灾后往往导致灾区的水电供应出现问题,特别是饮水问题比较突出。因为得不到自来水供应,一些灾区群众往往选择平时不喝的井水、泉水甚至水库里的积水等饮用。这些未进行杀菌处理的水有很多细菌和病毒,很容易导致感染。

2.缺衣少粮,食物污染严重　灾区灾难发生后往往没有充足的食物供应,一些灾区群众可能取食过期、被水泡过的食物,这些食物往往已经变质或受到细菌污染;在避险地区如食物保管

版权所有　侵权必究

不当,也容易被苍蝇等污染;餐具消毒不及时,也可能带来污染。

　　3.心态紧张,免疫力下降　由于灾害后往往伴随着非常大的天气变化,灾区群众在灾后心态往往也比较紧张,综合作用下,人的免疫能力相对比较差。

　　4.露天宿营,居住环境比较差　在一些灾区群众集中的避难场所,如果生活垃圾、粪便没有得到及时处理,容易污染水源;同时,也容易孳生苍蝇等,造成细菌传播。

　　5.人口密度大、接触多,传染条件充分　人口密度突然加大,人员之间接触频繁,造成传染病迅速在人群之间传播。

　　6.垃圾遍地,污水汇集　垃圾和积水可能带来蚊虫的孳生。

　　7.动物尸体腐烂变质　一些动物在灾难中死亡,尸体得不到及时处理,腐败后也容易带来污染。

二、灾后会引起哪些病症

　　1.肠道传染病　如霍乱、甲肝、伤寒、痢疾、感染性腹泻、肠炎等。

　　2.虫媒传染病　如乙脑、黑热病、疟疾等。

　　3.人畜共患病和自然疫源性疾病　如鼠疫、流行性出血热、炭疽、狂犬病等。

　　4.经皮肤破损引起的传染病　如破伤风、钩端螺旋体病等。

　　5.常见传染病　如流脑、麻疹、流感等呼吸道传染病等。

　　6.食物中毒危险　灾后房屋倒塌,使食品、粮食受潮霉变、腐败变质,存在发生食物中毒的潜在危险。

　　7.饮水安全隐患　由于水源和供水设施被破坏和污染,存在饮水安全隐患问题。

三、灾后传染病的预防措施

　　灾害后应特别注意肠道类传染病、虫媒类传染病(由蚊子、虱

中小学生卫生

防疫知识手册

子、跳蚤等传播的疾病)、经接触和土壤传播的疾病的预防。因此,灾区人员应具备一些基础的预防传染病的常识。

1.平时应注意饮水和饮食的卫生

用净水片或漂白粉消毒生活饮用水,不吃受潮霉变或腐败变质的食品,不喝生水,饭前便后洗手,不吃死亡的禽畜,不用脏水冲洗蔬菜水果。

2.应采取灭蚊、防蚊和预防接种为主的综合措施

在受灾期间,主要应讲究个人卫生,做好个人防护,避免被蚊虫叮咬,以预防疟疾、流行性乙型脑炎、黑热病等虫媒传染病。

3.注意外伤,谨防与污染物接触

灾难使房屋倒塌、道路毁坏、江河污染等原因,造成人员外伤,易引起破伤风、钩端螺旋体病和经土壤传播的疾病发生。灾区人民应注意,破损的伤口不要与土壤直接接触。如果条件允许,对各种原因引起的皮肤外伤人员,应及时注射破伤风疫苗,对伤口进行清创缝合,给予有效的抗炎对症治疗,病情严重者应立即送往医院救治。

4.开展爱国卫生运动

及时清除生活垃圾,做好生活环境的消毒,处理好排泄物。认真治理环境脏、乱、差,清除卫生死角,以切断传染源。

🐜 四、灾后常见流行病的防治方法

1.肠道传染疾病

主要是通过粪口传播的肠道传染疾病等。这些疾病是通过摄入了受到污染的水、食物等导致的,比如痢疾、手足口病、甲肝等,灾区群众要注意预防。

版权所有 侵权必究

防治办法: 确保不摄入受污染的食物和水。特别是对饮用水,有条件的地区要向当地有关部门索取饮用水消毒片,消毒后煮沸再饮用。不喝生水,不吃变质、腐烂的食品,不吃死亡禽畜,不用脏水洗手、漱口或洗瓜果,不随地大小便,清除垃圾,注意消毒灭菌,消灭蚊蝇,讲究个人和环境卫生。

2. 呼吸道传染疾病

灾难发生后人员聚集程度高,流动性大,相互之间接触频繁,容易导致麻疹、风疹和感冒等呼吸道感染疾病。特别是麻疹和风疹,一定要注意防范。

3. 急性出血性结膜炎(俗称"红眼病")

灾后人员接触频繁,同时,原有的生活规律被打乱。特别是一些灾区群众为了节省饮水,往往几个人共用一盆洗脸水或共用一条毛巾等,容易引起红眼病的暴发。

防治办法: 避免与他人共用毛巾、餐具和洗脸水等,用过的餐具尽量用沸水消毒。

4. 可能出现的乙脑、疟疾、黑热病等虫媒传染性疾病

每年6月到8月是部分地区乙脑、疟疾疫情高发的阶段,这种疾病主要通过蚊虫叮咬传播。尤其乙脑影响人的中枢系统,致死率高,容易导致痴呆等后遗症,需高度关注。

5. 可能出现的人畜共患病和自然疫源性疾病

要加强人间和畜间疫情监测,及时与畜牧兽医部门互通信息,以便有效处置首发疫情,严防鼠疫、流行性出血热、炭疽等疾

中小学生卫生防疫知识手册

病的发生或流行。

（1）大力开展防鼠、灭鼠和以杀虫、灭蚊为主的环境整治活动，降低蚊、虫、鼠等传播媒介的密度。

（2）要管好家禽，猪、狗、鸡应圈养，不让其粪便污染环境及水源，猪、鸡粪发酵后再施用，死禽、死畜要消毒后深埋。

（3）管好粪便厕所，禁止随地大小便，病人的粪尿要经石灰或漂白粉消毒后集中处理。

（4）临时居所和救灾帐篷要搭建在地势较高、干燥向阳的地带，在周围挖防鼠沟，要保持一定的坡度，以利于排水和保持地面干燥。床铺应距离地面半米以上，不要睡地铺，减少人与鼠、蚊等媒介的接触机会。做好鼠疫疫苗、出血热疫苗和有关药物的储备，以便应急使用。

6.食源性疾病

（1）**灾区不能吃的食品**。被水浸泡的食品，除了密封完好的罐头类食品外都不能食用；已死亡的畜禽、水产品；压在地下已腐烂的蔬菜、水果；来源不明的、无明确食品标志的食品；严重发霉（发霉率在30%以上）的大米、小麦、玉米、花生等；不能辨认的蘑菇及其他霉变食品；加工后常温下放置4小时以上的熟食等。

（2）**要正确加工食品**。粮食和食品原料要在干燥、通风处保存，避免受到虫、鼠侵害和受潮发霉，必要时进行晒干；霉变较轻（发霉率低于30%）的粮食的处理，可采用风扇吹、清水或泥水飘浮等方法去除霉粒，然后反复用清水搓洗，或用5%石灰水浸泡霉变粮食24小时，使霉变率降到4%左右再食用。

（3）**做好饮水安全工作**。要选择合格的水源并加以保护，首选井水，水井应修井台、井栏、井盖及井周围30米内禁设厕所、猪

版权所有 侵权必究

圈以及其他可能污染地下水的设施，打水应备有专用的取水桶；其次选没有污染的山泉、小溪和上游水，并划定范围，严禁在此区域内排放粪便、倾倒污水垃圾等；集中式的饮用水水源取水点必须由专人管护。饮用水要经过澄清、过滤、消毒等处理后方可饮用。

🐭 五、灾后饮食"八不要"

1. 不要喝河滨生水

灾害期间，粪便、垃圾等污物往往被雨水冲入河滨，使河滨水中带有病菌、病毒，喝下去很容易生病。要喝水，应当喝开水，或者喝经过消毒处理卫生合格的水。

2. 不要吃未洗净的瓜果

未洗净的瓜果，或用河滨水洗的瓜果，皮上可能沾有病菌病毒，吃了很容易得病。

3. 不要吃过期食品

夏季气温高，湿度大，食品容易变质，超过保质期就不能吃。

4. 不要吃馊饭菜

饭菜馊了以后，即使经过重新蒸煮，吃了仍旧有害。

5. 不要吃死因不明的禽畜

灾区环境卫生状况复杂，引起禽畜死亡的原因很多，淹死、砸死、病死或其他死因不明的禽畜可能受毒物或病菌污染。

6. 尽量不吃凉拌菜

灾区卫生条件差，凉菜特别是卤菜在制作过程中容易受污染，最好不要吃。

中小学生卫生

防疫知识手册

版权所有 侵权必究

7. 不要吃霉米面

生霉的米面含有毒物，人吃了有害。

8. 不要吃红白喜宴

灾区置办宴席，卫生条件差，食物易污染。参加宴会的人中如果有病人或带菌者，还会把病传给别人。所以灾区尽量不要置办喜宴。

六、灾后消灭蚊蝇的主要方法有哪些

1. 地面喷药杀灭　对地面较大的居民点、坍塌的建筑物、厕所、粪堆、污水坑、垃圾堆以及挖掘、掩埋尸体现场等处进行喷雾，居民简易防灾棚内、外都要喷到。

对分散的居民点室内和面积较小道路窄狭的地点以及山坡、滩头等机动车辆难以到达的地方，可用手动压缩式喷雾器、静电喷雾器以及小型手提喷雾器。

2. 用烟剂熏杀　对室内、地窖、地下道等空气流动较慢的地方和喷雾器喷洒不到的地方，可用六六六、敌敌畏、敌百虫、西维因、速灭威等烟熏杀蚊蝇。也可用野生植物熏杀。

3. 多种杀虫剂混合使用或交叉使用　防止蚊蝇产生耐药性，提高杀灭效果。

版权所有　侵权必究